reglas y consejos sobre investigación científica

SANTIAGO RAMÓN Y CAJAL

reglas y consejos sobre investigación científica

LOS TÓNICOS DE LA VOLUNTAD

Ediciones especialmente autorizadas por los herederos del autor para la Colección Austral

Editorial Espasa Calpe, S. A.
Carretera de Irún, km 12,200. 28049 Madrid

Es un proyecto del Departamento de Empresas e Instituciones

Segunda edición: mayo de 2000

Diseño de cubierta: Cunyat-Ferrando

ISBN: 84–239–3572–8
Depósito legal: M. 15.763–2000

Impreso en España/Printed in Spain
Impresión: UNIGRAF, S. L.

ÍNDICE

REGLAS Y CONSEJOS SOBRE INVESTIGACIÓN CIENTÍFICA

PRESENTACIÓN

Santiago Ramón y Cajal es la máxima figura de la ciencia española contemporánea y sus contribuciones a la histología del Sistema Nervioso son una parte fundamental del desarrollo de la ciencia universal. Concretamente Cajal describió el modelo básico para la comprensión de la estructura de este Sistema y sentó las bases fundamentales para el estudio de su funcionamiento. En la actualidad, sus descubrimientos siguen vigentes, por lo que Cajal se ha convertido en uno de los autores más citados en la bibliografía especializada, por encima de Albert Einstein, Charles Darwin, Claude Bernard o incluso de Rudolf Virchow. Con el paso del tiempo y la aparición de nuevos aparatos y técnicas de investigación, los estudios sobre el cerebro, que en un principio abarcaban solamente el área de la anatomía, han ido ampliándose y especializándose en una gran variedad de áreas nuevas: neurofisiología, neuroquímica, neurogenética, neurosicobiología, etc. Todas estas disciplinas se aúnan en una materia común que denominamos neurociencias. Así, las neurociencias constituyen una de las fronteras más apasionantes del conocimiento científico, dados los problemas en torno al Sistema Nervioso que se siguen planteando en la sociedad actual, como son las enfermedades nerviosas degenerativas, Alzheimer y Parkinson, entre otras.

Santiago Ramón y Cajal nace en Petilla de Aragón (Navarra) en 1852. Su padre, don Justo Ramón Casasús, hijo de un labrador de la aldea oscense de Larrés, había conseguido, a base de esfuerzos y privaciones, hacerse médico rural. Casado con doña Antonia Cajal, la familia recorrería varios pueblos del Alto Aragón hasta establecerse definitivamente en la ciudad de Zaragoza. Los mejores recuerdos de niño los conserva Santiago de la ciudad de Ayerbe, donde residirían sus padres desde 1860 a 1869. La infancia tutelada por el padre, que será su principal maestro, le orientará hacia la medicina, la anatomía y la enseñanza. Niño tozudo y rebelde, se encontraba más cómodo en el ambiente rural que en las aulas de los escolapios de Jaca, donde inició los estudios de bachillerato. Afloraron por entonces sus habilidades artísticas y una afición por el dibujo que será fuente de preocupación para don Justo, temeroso de que los pinceles torcieran el futuro trazado para su hijo. Finalmente, terminará sus estudios de bachillerato en el instituto de Huesca y se trasladará con su familia a Zaragoza, donde don Justo acababa de ganar una plaza de médico de la Beneficencia Provincial. Pronto conseguiría también el puesto de profesor interino de disección en la Universidad. Se matriculó en la Facultad de Medicina y fue un estudiante que cuestionaba las teorías de sus profesores y devoraba novedosos tratados extranjeros, como el del profesor Virchow, en el que establecía la teoría celular. Tenía además tiempo para el deporte, fotografía y pintura. En 1872, consigue por oposición la plaza de Ayudante de anatomía y disección y ayuda a su padre en los trabajos de disección, pintando didácticas acuarelas anatómicas que don Justo, impresionado, intentó infructuosamente publicar.

Recién acabada la carrera de medicina, la primera guerra de Cuba había supuesto para Cajal un punto culminante de ilusión y también de decepción. La ilusión le había empujado a aceptar alegremente la leva obligatoria de la llamada «Quinta de Castelar» y a estudiar y ganar unas oposiciones a oficial médico. La decepción le llegaría, enfermo ya de paludismo, en perdidos hospitales de campaña en la manigua. En Cuba, entre accesos de fiebre y con la muerte a su alrededor, se manifiesta ya el rasgo más definitorio del carácter de Cajal: una indomable fuerza de voluntad donde latían la paciencia de doña Antonia, su madre, y el temperamento recio y tenaz de su padre. La experiencia cubana había resultado muy dura para Cajal en todos los aspectos: cuando pisó de nuevo tierra aragonesa, el paludismo le había convertido en una sombra de sí mismo que sólo los cuidados familiares pudieron revitalizar.

Mientras tanto, trabajosamente, Santiago se reincorporó a la plaza de ayudante de disección en la Facultad y comenzó a preparar por libre el doctorado, primer paso para iniciar la carrera docente. En Madrid, los exámenes de doctorado supondrían para él, además del título, un descubrimiento inesperado: el de su vocación científica. El catedrático Maestre de San Juan le mostró unas preparaciones microscópicas. Impresionado con ellas, decidió dedicarse a la investigación histológica: de vuelta a Zaragoza, compró a plazos un microscopio, montó en su casa un pequeño laboratorio y se las arregló para surtirse de revistas y libros extranjeros sobre histología.

Silveria Fañanás se cruzó una mañana en la vida de Cajal y se quedó con él para siempre. En julio de 1879 contrajo matrimonio, tras haber aprobado, por fin, unas oposiciones: las de director del Museo Anatómico de Zaragoza. Santiago llegaría a afirmar que la mitad de su éxito y gloria correspondía a su esposa. Doña Silveria fue, en efecto, la compañera ideal para el sabio, en la que siempre encontraría apoyo y ánimo necesarios. En sus propias palabras: «yo no hice sino cumplir con mi deber, el de disimular a mi compañero el conocimiento de las estrecheces y preocupaciones del hogar modesto para que se consagre libre y holgadamente a sus trabajos favoritos. Mi único mérito fue el de haber tenido siempre fe ciega en él».

El principal resultado de las investigaciones cajalianas fue la identificación de la individualidad de la célula nerviosa, la neurona, teoría que expuso en su obra fundamental *Textura del Sistema Nervioso del hombre y de los vertebrados,* publicada entre 1899 y 1904. La obra de Cajal fue adquiriendo difusión al formular, entre otras, la ley del contacto pericelular, la ley de la polarización dinámica, la teoría neurotrópica, teoría de la polarización axípeta, etc. De esta manera alcanzó el reconocimiento mundial y mereció distinciones tan importantes como el Premio Moscú (1900), la medalla de oro de Helmholtz (1905) y el Premio Nobel en Medicina y Fisiología en 1906. Era la primera vez que se obtenía un Premio Nobel de carácter científico para un investigador español. Así pues, España se vuelca en homenajes a Cajal y bautiza con su apellido calles, plazas, y hasta limonadas y chocolates. A la sociedad de principios de siglo le parece un milagro; pero aún hoy, llama la atención el notable contraste entre la figura del sabio y la modestia del ambiente científico español, en el que la obra del histólogo aragonés será el faro de un nuevo rumbo.

Cajal fundó una importante escuela de investigadores españoles; entre sus discípulos más relevantes se cuentan muchos de los grandes nombres de la investigación biomédica en la España del siglo XX, como Jorge Francisco Tello, Fernando de Castro, Rafael Lorente de No, Nicolás Achúcarro o Pío del Río Hortega, entre otros. Su Laboratorio de Investigaciones Biológicas, posteriormente nombrado en su honor por Real Decreto como Instituto Cajal, fue el germen de diversos núcleos de investigación biológica, quc se prolongan hasta la actualidad, con centros como el presente Instituto de Neurobiología Ramón y Cajal, dependiente del Consejo Superior de Investigaciones Científicas (CSIC). Más ampliamente, Cajal contribuyó al renacimiento científico que tuvo lugar en la España del primer tercio de siglo, cuando se crearon instituciones como la Junta de Ampliación de Estudios, fundada en 1907 y presidida por Cajal hasta su muerte en 1934, un organismo proyectado para incidir directamente en la Universidad. La obra de la Junta se extendió a la promoción de todas las disciplinas en las ciencias y humanidades y a la reforma de la educación secundaria y universitaria a través de instituciones pioneras como la Residencia de Estudiantes y el Instituto Escuela. La estructura institucional de la Junta dio lugar posteriormente al actual CSIC.

La presente edición del libro de Cajal, REGLAS Y CONSEJOS SOBRE INVESTIGACIÓN CIENTÍFICA, ha sido preparada por el CIDER PREPIRINEO, manteniéndose así vivo el deseo de don Santiago, que había escrito en sus últimas voluntades: «el *Libro de mis Recuerdos* y el de *Reglas y Consejos* se repartirán de balde a los discípulos más aprovechados, si los albaceas no disponen otra cosa». Con la edición de esta obra no se pretende hacer una obra de filantropía, sino cultivar la memoria y rendir un homenaje a quien tanto debe la Ciencia universal.

RICARDO MARTÍNEZ MURILLO
Director
Instituto de Neurobiología Ramón y Cajal. CSIC

PRÓLOGO

Espasa Calpe prepara una nueva edición del libro de Santiago Ramón y Cajal REGLAS Y CONSEJOS SOBRE INVESTIGACIÓN CIENTÍFICA subtitulado por él «Los tónicos de la voluntad» y me honran con la invitación de preparar un prólogo para este libro. Se trata de uno de los libros que más he leído y releído en mi vida porque no ha habido nadie, en nuestra época, a quien yo haya admirado tanto como a Cajal. Este libro de don Santiago, para mí, debería ser lectura obligatoria de todos los estudiantes de los últimos cursos de bachillerato. En España, aun hoy día, se fomenta y promueve escasamente la investigación y es un hecho incontrovertible que en épocas recientes la grandeza de un país se mide no sólo en función de sus contribuciones al arte y la literatura, en las que España ha sobresalido siempre, sino también en función de sus contribuciones al aumento del caudal de nuestros conocimientos de la naturaleza, del mundo en que vivimos y, en conjunto, del universo entero.

No es fácil explicar por qué España ha ido siempre muy por detrás de las otras naciones en el cultivo de la ciencia y mucho menos fácil es explicar cómo en ese terreno árido ha surgido la figura de un Cajal. A él y a su escuela, incluyendo la de don Pío del Río Hortega, debe el mundo los conocimientos esenciales sobre la fina estructura del sistema nervioso, que es en definitiva la clave de su actividad y de su significación funcional.

Cajal fue un autodidacta, un genio que yo me complazco en comparar con hombres como Newton, Galileo, Pasteur y muchos otros que han descorrido el velo que ocultaba a nuestros ojos la visión de la naturaleza. España descuidó el cultivo de la ciencia, a mi juicio, porque el español, quizá desde Felipe II, estaba más interesado en los asuntos de allá arriba que en los de aquí abajo, y miró siempre más hacia el cielo que hacia la tierra. Entiéndase bien que esto no es una crítica de la religión, sino, tal vez, la crítica de una religión mal entendida.

Cómo surgió Cajal en el páramo científico de la España de su tiempo es para mí un milagro. También fue otro milagro para mí el que surgiese en la música una figura como la de Mozart. Ambos son, en cierto modo, seres sobrenaturales, poseídos de unas dotes y cualidades esencialmente sobrehumanas.

En un terreno más coloquial yo pasé por la gran desilusión de no tener como maestro a Cajal; de hecho la de no haberlo conocido nunca. No lo tuve como maestro, porque Cajal se jubiló justamente antes de que yo ingresara en la Facultad de Medicina de Madrid. No le vi jamás pese a que era la figura que yo más admiraba e idolatraba y, a pesar de que mis maestros me ofrecían llevarme a visitarle, no me pareció que un joven estudiantillo como yo podía perturbar la paz o el trabajo de un hombre como don Santiago. Traté, sin embargo, siempre de organizar mi vida tomando a don Santiago como modelo y pensando siempre en él. Si yo algo he sido o algo he hecho, a él se lo debo.

SEVERO OCHOA

PRÓLOGO DE LA SEGUNDA EDICIÓN

Costeada por la generosidad del doctor Lluria

El libro actual es una reproducción, con numerosos retoques y desarrollos, de mi discurso de ingreso en la Academia de Ciencias Exactas, Físicas y Naturales (sesión del 5 de diciembre de 1897).

Como otras muchas oraciones académicas harto más merecedoras de publicidad, este discurso hubiera quedado olvidado en los anaqueles de las bibliotecas oficiales si un querido amigo nuestro, el doctor Lluria, no hubiera tenido la generosidad de reimprimirlo a su costa, a fin de regalarlo a los estudiantes y a los aficionados a las tareas de laboratorio.

Cree el doctor Lluria (y Dios le pague tan hermosas ilusiones) que los consejos y advertencias contenidos en dicho trabajo pueden ser, como emanados de un apasionamiento de la investigación, de algún provecho para promover el amor y entusiasmo de la juventud estudiosa hacia las empresas del laboratorio.

Ignoro si, en efecto, los referidos consejos, expuestos con fervor y entusiasmo quizá un tanto exagerado e ingenuo, tendrán positiva utilidad para el efecto de formar investigadores. Por mi parte, diré solamente que, acaso por no haberlos recibido de ninguno de mis deu-

dos o profesores cuando concebí el temerario empeño de consagrarme a la religión del laboratorio, perdí, en tentativas inútiles, lo mejor de mi investigación científica. ¡En cuántas ocasiones me sucedió, por ignorar las fuentes bibliográficas (y desgraciadamente no siempre por falta de diligencia, sino de recursos pecuniarios) y no encontrar un guía orientador, descubrir hechos anatómicos ya por entonces divulgados en lenguas que ignoraba y que ignoran también aquellos que debieron saberlas!

¡Y cuántas veces me ocurrió también, por carecer de disciplina, y sobre todo por vivir alejado de ese ambiente intelectual del cual recibe el investigador novel estímulos y energías, abandonar la labor en el momento en que, fatigado y hastiado, no tanto del trabajo cuanto de mi triste y enervadora soledad, comenzaba a columbrar los primeros tenues albores de la idea nueva!

La rutina científica y la servidumbre mental al extranjero reinaban tan despóticamente entonces en nuestras escuelas, que, al solo anuncio de que yo, humilde médico recién salido de las aulas, sin etiqueta oficial prestigiosa, me proponía publicar cierto trabajo experimental sobre la inflamación (trabajo que, como obra de novicio, fue malo e incompleto), algunos de los profesores de mi querida Universidad de Zaragoza, y no ciertamente de los peores, exclamó estupefacto: «Pero ¡quién es Cajal para atreverse a juzgar los trabajos de los sabios!». Y cuenta que este profesor era por aquellos tiempos (1880) el publicista de nuestra Facultad y una de las cabezas más modernas y mejor orientadas de la misma, pero abrigaba la creencia (desgraciadamente profesada todavía por muchos de nuestros catedráticos, ignoro si con sinceridad o a título de expediente cómodo para cohonestar la propia pereza) de que las conquistas científicas no son fruto del trabajo metódico, sino dones del cielo, gracias generosamente otorgadas por la Providencia a unos cuantos privilegiados, inevitablemente pertenecientes a las naciones más laboriosas, es decir, a Francia, Inglaterra, Alemania e Italia. Con cuya peregrina teoría, si sale malparada España, se injuria gravemente a la Providencia, a quien se pinta como resuelta a escoger sus confidentes, ennobleciéndolos con la llama del genio, entre los herejes, librepensadores o católicos más o menos tibios de otras naciones.

Afortunadamente, los tiempos han cambiado. Hoy, el investigador en España no es el solitario de antaño. Todavía no son legión, pero contamos ya con pléyade de jóvenes entusiastas a quienes el amor a la ciencia y el deseo de colaborar en la obra magna del progreso mantienen en confortadora comunión espiritual. Actualmente, en fin, han perdido su desoladora eficacia estas preguntas que todos los aficionados a la ciencia nos hemos hecho al dar nuestros primeros inciertos pasos: Esto que yo hago, ¿a quién importa aquí? ¿A quién contaré el gozo producido por mi pequeño descubrimiento? Si acierto, ¿quién aplaudirá?, y si me equivoco, ¿quién me corregirá y me alentará para proseguir?

Algunos lectores del presente discurso me han advertido, en son de crítica benévola, que doy demasiada importancia a la disciplina de la voluntad y poca a las aptitudes excepcionales concurrentes en los grandes investigadores. No seré yo, ciertamente, quien niegue que los más ilustres iniciadores científicos pertenecen a la aristocracia del espíritu, y han sido capacidades mentales muy elevadas, a las cuales no llegaremos nunca, por mucho que nos esforcemos, los que figuramos en el montón de los trabajadores modestos. Pero después de hacer esta concesión, que es de pura justicia, sigo creyendo que a todo hombre de regular entendimiento y ansioso de nombradía, le queda todavía mucho campo donde ejercitar su actividad y de tener la fortuna que, a semejanza de la lotería, no sonríe siempre a los ricos, sino que se complace, de vez en cuando, en alegrar el hogar de los humildes, además, que todo hombre puede ser, si se lo propone, escultor de su propio cerebro, y que aun en el peor dotado es susceptible, al modo de las tierras pobres, pero bien cultivadas y abonadas, de rendir copiosa mies.

Acaso me equivoque, pero declaro sinceramente que en mis excursiones por el extranjero y en mis conversaciones con sabios ilustres, he sacado la impresión (salvada tal cual excepción) de que la mayoría de éstos pertenece a la categoría de las inteligencias regulares, pero disciplinadas, muy cultivadas y movidas por avidez insaciable de celebridad. Es más: en alguna ocasión he topado con sabios renombrados inferiores, tanto por sus pasiones como por su inteligencia, al descubrimiento que los sacó de la oscuridad, y al cual llegaron por los ciegos e inesperados caminos del azar. El caso de Courtois, del cual ha dicho un ingenioso escritor que no sabe si fue él *quien descubrió* el yodo, o si el yodo lo descubrió a él, *es más frecuente de lo que muchos se figuran.*

De cualquier modo, ¿qué nos cuesta probar si somos capaces de crear ciencia original? ¿Cómo sabremos, en fin, si entre nosotros existe algún dotado de superiores aptitudes para la ciencia, si no procuramos crearle, con las excelencias de una disciplina moral y técnica apropiadas, la ocasión de que se revele? Como dice Balmes, «si Hércules no hubiera manejado nunca más que un bastón, nunca creyera ser capaz de blandir la pesada clava». Acuden a mi mente muchos ejemplos que testifican cómo una medianía, asistida por una cultura asidua e infla-

mada en la noble pasión del patriotismo, puede llegar a hacer verdaderos descubrimientos; pero, como no hay cosa más molesta a los hombres o a las naciones que el dictado de pobreza de espíritu, mi juicio más antipático a los ojos del hombre de mérito que atribuir solamente sus éxitos a terca continuidad en el trabajo, séame permitido, a fin de evitarme resquemores y recriminaciones enojosas, ofrecerme yo mismo como caso. Sin pecar de petulante o presuntuoso, creo que puedo considerarme autor de algunos descubrimientos anatómicos que, por confirmados y sabidos, se citan como adquisiciones definitivas de la ciencia; y no cuento en mi activo con las teorías e hipótesis lanzadas a la polémica por mi imaginación inquieta e impaciente, pues las teorías suelen representar síntesis prematuras de fenómenos incompletamente conocidos, y están, por tanto, sujetas al vaivén de los sistemas, corriendo el riesgo de desaparecer ante los nuevos progresos. (En ciencia el hecho queda, pero la teoría se renueva.)

Ahora bien: estos hechos nuevos constituyen exclusivamente el fruto del trabajo fecundado por la energía de una voluntad resuelta a crear algo original.

¿Es que poseo aptitudes especiales para la labor científica? Niégolo en redondo; y si la insignificancia misma de la labor lograda no lo acreditara demasiado, lo probaría también la historia de mi juventud, declarada por boca de mis maestros y condiscípulos, la mayor parte de los cuales vive todavía. Ellos dirán cómo yo fui, durante el bachillerato, uno de los alumnos más indóciles, turbulentos y desaplicados, y cómo al llegar a la Universidad y cursar (y no ciertamente por espontánea voluntad) la carrera de Medicina en Zaragoza, no brillé ni poco ni mucho en las aulas, donde, exceptuando algunas asignaturas en las cuales estímulos paternos, harto insinuantes

y enérgicos para ser desatendidos, me obligaron a fijar la atención, figuré constantemente entre los medianos, o, a lo más, entre los regulares. Ellos podrán decir también que, desde el punto de vista de la inteligencia, de la memoria, de la imaginación o de la palabra, en nuestra clase de cuarenta alumnos escasos se contaban lo menos diez o doce que me aventajaban.

Alejábame, además, de todo estudio serio y de todo empeño de lucimiento académico, de una parte, el sarampión poético, *especie de enfermedad de crecimiento que en mí se prolongó más de lo corriente, y de otra, un romanticismo enervador y falso, contraído a consecuencia de esas lecturas que inflaman la fantasía y excitan la sensibilidad, y fomentado además con el amor enfermizo a la soledad y a la muda contemplación de las bellezas del arte y de la Naturaleza.*

Sólo dos cualidades había en mí quizá algo más desarrolladas que en mis condiscípulos, cualidades que, acaso hubieran atraído la atención de los profesores, si mi nada envidiable reputación de alumno perezoso y descuidado no me hubiera condenado de antemano a la indiferencia de todos. Eran éstas una petulante independencia de juicio que me arrastró alguna vez hasta la discusión de las opiniones científicas de un querido sabio y dignísimo maestro, con escándalo bien justificado de mis condiscípulos, y un sentimiento profundo de nuestra decadencia científica, que llegaba a la exaltación cuando, al leer el profuso Tratado de Fisiología *de Beclard, atestado de citas y preñado de experimentos contradictorios, o las concienzudas y eruditas* Anatomías, *de Sappey y Cruveilhier, echaba de menos los nombres de sabios españoles. Semejante preterición causábame profundo dolor, pareciéndome que los manes de la patria habían de pedirnos estrecha cuenta de nuestra dejadez e incultura, y que cada descubrimiento debido al extranjero era algo así como un ultraje a nuestra bandera vergonzosamente tolerado. Y más de una vez, durante mis paseos solitarios bajo las sombrías y misteriosas alamedas que rodean la ciudad heroica, agitado el cerebro por el estruendo de las tumultuosas aguas del Ebro, en esos eternos soliloquios que constituyen la conversación favorita del soñador, que gusta recatar su alma y sus queridas esperanzas de la heladora sonrisa de los* hombres prácticos *y de las* cabezas equilibradas, *sin medir lo arduo de la empresa ni reparar en la escasez de mis facultades, exclamaba: «No, España debe tener anatómicos, y si las fuerzas y la voluntad no me faltan, yo procuraré ser uno de ellos».*

Ahora bien: si yo, careciendo de talento de vocación por la ciencia, al solo impulso del patriotismo y de la fuerza de voluntad, he conseguido algo en el terreno de la investigación, ¡qué no lograrían esos primeros de mi clase *y esos* muchísimos primeros de otras muchas clases *si, pensando un poco más en la patria y algo menos en la familia y en las comodidades de la vida, se propusieran aplicar seriamente sus grandes facultades a la creación de ciencia original y castizamente española! El secreto para* llegar *es muy sencillo; se reduce a dos palabras: trabajo y perseverancia.*

Mi empeño en poner en su punto las aserciones de los providencialistas y genialistas, *en lo concerniente al origen de los descubrimientos, me han alejado un tanto de mi propósito; volviendo nuevamente a él, es decir, a la justificación de mi trabajo, añadiré a lo antes expuesto que, correspondiendo al interés demostrado por el señor Lluria, he ampliado varios capítulos y he añadido alguno nuevo, inspirándome, por desgracia, en motivos de triste actualidad.*

¡Ojalá que este humilde folleto que dirigimos a la juventud estudiosa sirva para fortalecer la afición a las tareas del laboratorio, así como para alentar las esperanzas un tanto decaídas, después de recientes y abrumadores desastres, de los creyentes en nuestro renacimiento intelectual y científico!

Madrid, 20 de diciembre de 1898.

PRÓLOGO DE LA TERCERA EDICIÓN

Agotada hace más de tres años la edición costeada por la generosidad del doctor Lluria, nos hemos visto obligados, para satisfacer las demandas de América, a permitir la reimpresión de este folleto en dos revistas científicas americanas. Íbamos ya a otorgar la misma licencia a una Corporación cientificoliteraria de España, cuando nos hemos percatado de que este abandono del librito a iniciativas ajenas revela pecado de negligencia, susceptible a acarrear algunos inconvenientes.

Distamos de hacernos ilusiones acerca del mérito de nuestro Discurso. Tanto desde el punto de vista filosófico como desde el literario, adolece de grandes defectos. Sin duda que en la actualidad, asistidos por una lectura filosófica y pedagógica más copiosa y selecta y por la experiencia docente de los quince años transcurridos, podríamos acaso enriquecer y mejorar doctrinalmente el texto y depurarlo de muchos defectos de estilo y de no pocas candorosas arrogancias y exageraciones.

No nos resolvemos, empero, a ejercitar severamente la podadera sobre esta modesta obra de juventud. Buena o mala, todo libro posee una personalidad espiritual, y el público, habituado a ella, tiene derecho a que el autor la respete y no la disfrace o escamotee a título de mejorarla. Sobre qué bien pudiera ocurrir que hoy, en plena senectud, nos parezcan defectos (y no lo serán acaso) precisamente aquellos rasgos que fijaron la atención del lector y ganaron su benevolencia. Que a los libros, como a los hombres, los respetamos y admiramos por sus buenas cualidades, pero sólo los amamos por algunos de sus defectos.

Por si tales sospechas no fueran ilusionarias, conservamos esencialmente en esta tercera edición el texto de 1897. En él hémonos permitido solamente algunos pocos retoques de estilo y la adición de tal cual párrafo encaminado a desarrollar ideas someramente apuntadas en el texto. Pero la presente edición encierra varios capítulos nuevos, entre ellos uno final donde señalamos, según nuestro humilde entender, la obra que las instituciones docentes españolas, y singularmente la Junta de Pensiones y Ampliación de Estudios en el Extranjero, *están llamadas a realizar para que en el más breve plazo posible nuestra Patria colabore, en la medida de sus fuerzas mentales y de sus recursos financieros, en la empresa de la cultura y civilización universales.*

Madrid, enero de 1912

PRÓLOGO DE LAS ÚLTIMAS EDICIONES (CUARTA, QUINTA Y SEXTA)

Ocupaciones apremiantes y crecientes achaques de la edad han estorbado acrecentar y perfeccionar, obedeciendo a mis deseos, el texto de este librito. Era mi propósito, a fin de corresponder dignamente al favor del público y, sobre todo, a las insistentes solicitudes de cultos extranjeros deseosos de traducir la obra, universalizarla en lo posible, purgándola de ciertos harto fogosos requerimientos y de algunas patrióticas efusiones que sonarían inoportunas o estridentes en el oído de la juventud de aquellas naciones donde la ciencia, cultivada tradicionalmente y en incesante renovación, no ha menester de enérgicos estimulantes. Pero, repito, fuerzas superiores a mi voluntad han enfrenado mis ímpetus reformadores. Escrito el libro para España, entre españoles o hispanoamericanos debe quedar por ahora relegado.

Con todo eso, y a despecho de la premura con que estas tres últimas ediciones han sido impresas, he introducido en cada una de ellas algunas modificaciones que estimo provechosas: He tachado tal cual pensamiento empalagosamente lírico o notoriamente inoportuno; he limado el estilo harto frondoso e incorrecto en varios pasajes; y, en fin, he desarrollado algunos capítulos, enriqueciéndolos con nuevos ejemplos o con observaciones pertinentes.

Creo, pues, sinceramente, que las citadas últimas ediciones (cuarta, quinta y sexta) excusan, mejor que las anteriores, el inmerecido favor dispensado por la juventud estudiosa y la acogida lisonjera de ciertos ilustres profesores, a cuyas bondades quedo fervorosa y rendidamente agradecido.

Madrid, 20 de julio de 1923.

REGLAS Y CONSEJOS SOBRE INVESTIGACIÓN CIENTÍFICA

CAPÍTULO I

Consideraciones sobre los métodos generales. —Infecundidad de las reglas abstractas. —Necesidad de ilustrar la inteligencia y de tonificar la voluntad. —División de este libro

Supongo en el lector cierta cultura filosófica y pedagógica general, y que, por consiguiente, sabe que las principales fuentes de conocimiento son: la observación, la experimentación y el razonamiento inductivo y deductivo.

Obvio fuera insistir sobre tan notorias verdades. Me limitaré a recordar que en las ciencias naturales han sido ya, desde hace una centuria, definitivamente abandonados los principios apriorísticos, la intuición, la inspiración y el dogmatismo.

Aquella singular manera de discurrir de pitagóricos y platonianos (método seguido en modernos tiempos por Descartes, Fichte, Krause, Hegel y recientemente —aunque sólo en parte— por Bergson), que consiste en explotar nuestro propio espíritu para descubrir en él las leyes del Universo y la solución de los grandes arcanos de la vida, ya sólo inspira sentimientos de conmiseración y de disgusto. Conmiseración, por el talento consumido persiguiendo quimeras, disgustos, por el tiempo y trabajo lastimosamente perdidos.

La historia de la civilización demuestra hasta la saciedad la esterilidad de la metafísica en sus reiterados esfuerzos por adivinar las leyes de la Naturaleza. Con razón se ha dicho que el humano intelecto, de espaldas a la realidad y concentrado en sí mismo, es impotente para dilucidar los más sencillos rodajes de la máquina del mundo y de la vida.

Ante los fenómenos que desfilan por los órganos sensoriales, la actividad del intelecto sólo puede ser verdaderamente útil y fecunda reduciéndose modestamente a observarlos, describirlos, compararlos y clasificarlos, según sus analogías y diferencias, para llegar después, por inducción, al conocimiento de sus condiciones determinantes y leyes empíricas.

Otra verdad, vulgarísima ya de puro repetida, es que la ciencia humana debe descartar, como inabordable empresa, el esclarecimiento de las causas primeras y el conocimiento del fondo sustancial oculto bajo las apariencias fenomenales del Universo. Como ha declarado Claudio Bernard, el investigador no puede pasar del determinismo de los fenómenos, su misión queda reducida a mostrar el *cómo,* nunca *el porqué* de las mutaciones observadas. Ideal modesto en el terreno filosófico, pero todavía grandioso en el orden práctico, porque conocer las condiciones bajo las cuales nace un fenómeno, nos capacita para reproducirlo o suspenderlo a nuestro antojo, y nos hace dueños de él, explotándolos en beneficio de la vida humana. Previsión y acción: he aquí los frutos que el hombre obtiene del determinismo fenomenal.

Quizá parezca esta severa disciplina del determinismo un poco estrecha en filosofía [1], pero es fuerza convenir

---

[1] Claudio Bernard nos parece exagerar algo cuando, a guisa de ejemplos probatorios de sus tesis, afirma que «no sabremos nunca por qué el opio tiene una acción soporífera, y por qué de la combinación del hidrógeno con el oxígeno brota un cuerpo tan diverso en propiedades físicas y

que en las ciencias naturales, y singularmente en biología, resulta muy eficaz para preservarnos de esa tendencia innata a encerrar el Universo entero en una fórmula general, especie de germen donde todo se contiene como el árbol en la semilla. Estas generalizaciones seductoras con que, de vez en cuando, ciertos filósofos invaden el campo de las ciencias biológicas suelen ser soluciones puramente verbales, desprovistas de fecundidad y de contenido positivo. A lo más, poseen utilidad a título de «hipótesis de trabajo».

Preciso es confesar que los grandes enigmas del Universo, citados por Dubois-Reymond, son actualmente inabordables. Debemos resignarnos al *ignoramus,* y aun al inexorable *ignorabimus* proclamado por el gran fisiólogo alemán. Para la resolución de estos formidables problemas (comienzo de la vida, naturaleza de la sustancia, origen del movimiento, aparición de la conciencia, etc.), parece indudable la insuficiencia radical del espíritu humano. Órgano de acción encaminado a fines prácticos, nuestro cerebro parece haber sido construido no para hallar las últimas razones de las cosas, sino para fijar sus causas próximas y determinar sus relaciones constantes. Y esto, que parece poco, es muchísimo, porque habiéndosenos concedido el supremo poder de actuar sobre el mundo, suavizándolo y modificándolo en provecho de la vida, podemos pasarnos muy bien sin el conocimiento de la esencia de las cosas. No creemos demostrada, en buena filosofía, la absoluta imposibilidad de que el hombre se eleve algún día a la concepción del *porqué* de los fenó-

---

químicas como el agua». Esta imposibilidad de reducir las propiedades de los cuerpos a leyes de posición, de forma y de movimiento de los átomos (hoy diríamos de los iones y electrones) es real, pero no parece que lo sea en principio y para siempre.

menos; pero dada la penuria analítica de nuestros sentidos, que sólo representan registros numéricos de movimientos, y no de todos, sino de unos pocos, para los cuales se hallan tonalizadas las fibras nerviosas; y supuesta la pobreza y limitación de nuestro entendimiento, cuya labor se reduce a combinar y relacionar de mil maneras dicha menguada gama de representaciones del mundo exterior, la Ciencia no tiene más recurso que fijar el orden de sucesión de los fenómenos y determinar las leyes empíricas y derivadas que los rigen. ¡Quién sabe si, a fuerza de siglos, cuando el hombre, superiormente adaptado al medio en que vegeta, haya perfeccionado sus registros óptico y acústico, y el cerebro permita combinaciones ideales más complejas, podrá la Ciencia desentrañar las leyes más generales de la materia, dentro de las cuales, y como caso particular de las mismas, se encerrará quizá el extraordinario fenómeno de la vida y del pensamiento!

Al tratar de métodos generales de investigación, no es lícito olvidar esas panaceas de la investigación científica que se llama el *Novum organum,* de Bacon, y el *Libro del método,* de Descartes, tan recomendados por Claudio Bernard. Libros son éstos por todo extremo excelentes para hacer pensar, pero de ningún modo tan eficaces para enseñar a descubrir. Después de confesar que la lectura de tales obras puede sugerir más de una concepción fecunda, debo declarar que me hallo muy próximo a pensar de ellas lo que De Maistre opina del *Novum organum:* «qué no lo habían leído los que más descubrimientos han hecho en las ciencias, y que el mismo Bacon no dedujo de sus reglas investigación alguna». Más severo aún se muestra Liebig cuando afirma, en su célebre *Discurso académico,* que Bacon fue un *dilettante* científico cuyos escritos, celebrados pomposamente por juristas, historiadores y otras gentes ajenas a la ciencia, nada contienen de los procederes que conducen al descubrimiento.

Los preceptos dictados por Descartes, a saber: *No reconocer como verdadero sino lo evidente, dividir cada dificultad en cuantas porciones sea preciso para mejor atacarlas, comenzar el análisis por el examen de os objetos más simples y más fáciles de ser comprendidos, para remontarse gradualmente al conocimiento de los más complejos, etc.*, son reglas que nadie deja de emplear indistintamente en el estudio de toda cuestión dificultosa. El mérito del filósofo francés estriba, no en haber aplicado estas reglas, sino en haberlas formulado clara y rigurosamente después de haberlas aprovechado inconscientemente, como todo el mundo, en sus meditaciones filosóficas y geométricas.

Tengo para mí que el poco provecho obtenido de la lectura de tales obras, y en general de todos los trabajos concernientes a los métodos filosóficos de indagación, depende de la vaguedad y generalidad de las reglas que contienen, las cuales, cuando no son fórmulas vacías, vienen a ser la expresión formal del mecanismo del entendimiento en función de investigar. Este mecanismo actúa inconscientemente en toda cabeza regularmente organizada y cultivada; y cuando, por un acto de reflexión, formula el filósofo sus leyes psicológicas, ni el autor ni el lector pueden mejorar sus capacidades respectivas para la investigación científica. Los tratadistas de métodos lógicos me causan la misma impresión que me produciría un orador que pretendiera acrecentar su elocuencia mediante el estudio de los centros del lenguaje, del mecanismo de la voz y de la inervación de la laringe. ¡Como si el conocer estos artificios anatomofisiológicos pudiera crear una organización que nos falta o perfeccionar la que tenemos! [2] Importa consignar que los descubrimientos más brillantes se han debido, no al conocimiento de la lógica escrita, sino a esa lógica viva que el hombre posee en su espíritu, con la cual labora ideas con la misma perfecta inconsciencia con que Jourdaini hacía prosa. Harto más eficaz es la lectura de las obras de los grandes iniciadores científicos, tales como Galileo, Kepler, Newton, Lavoisier, Geoffroy Saint-Hilaire, Faraday, Ampère, Cl. Bernard, Pasteur, Virchow, Liebig, etc., y sin embargo, es fuerza reconocer que si carecemos de una chispa cualquiera de la espléndida luz que brilló en tales inteligencias, y de un eco al menos de las nobles pasiones que impulsaron a caracteres tan elevados, la erudición nos convertirá en comentadores entusiastas o amenos, quizá en beneméritos divulgadores científicos, pero no creará en nosotros el espíritu de investigación.

Tampoco, nos será de gran provecho, a la hora de investigar, el conocimiento de las leyes que rigen el desenvolvimiento de la Ciencia. Afirma Herbert Spencer que el progreso intelectual va de lo homogéneo a lo heterogéneo, y que, en virtud de la *inestabilidad de lo homogéneo* y del principio de que *cada causa produce más de un efecto,* todo descubrimiento provoca inmediatamente gran número de otros descubrimientos, pero si esta no-

---

[2] Es singular la coincidencia de esta doctrina con la desarrollada por Schopenhauer (desconocida de nosotros al redactar la primera edición de este discurso) en su libro *El mundo como voluntad y como representación,* tomo I, páginas 98 y siguientes. Al tratar de la lógica, dice «que el lógico más versado en su ciencia abandona las reglas de la lógica en cuanto discurre realmente». Y más adelante, «querer hacer uso práctico de la lógica es como si para andar se quisiera tomar antes consejos de la mecánica». Parecido sentir expresa modernamente Eucken cuando afirma «que leyes y formas lógicas no bastarán a producir un pensamiento vivo».

ción nos permite apreciar la marcha histórica de la Ciencia, no puede darnos la clave de sus revelaciones. Lo importante sería averiguar cómo cada sabio, en su peculiar dominio, ha logrado sacar lo heterogéneo de lo homogéneo, y por qué razón muchos hombres que se lo han propuesto no lo han conseguido.

Apresurémonos, pues, a declarar que no hay recetas lógicas para hacer descubrimientos y menos todavía para convertir en afortunados experimentadores a personas desprovistas del arte discursivo natural a que antes aludíamos. Y en cuanto a los genios, sabido es que difícilmente se doblegan a las reglas escritas: prefieren hacerlas. Como dice Condorcet, «las medianías pueden educarse, pero los genios se educan por sí solos».

¿Debemos por esto renunciar a toda tentativa de instruir y educar en materia de inquisición científica? ¿Vamos a dejar al principiante desorientado, entregado a sus propias fuerzas y marchando sin guía ni consejo por una senda llena de dificultades y peligros?

De ninguna manera. Pensamos, por lo contrario, que si, abandonando la vaga región de los principios filosóficos y de los métodos abstractos, descendemos al dominio de las ciencias particulares y al terreno de la técnica moral e instrumental indispensable al proceso inquisitivo, será fácil hallar algunas normas positivamente útiles al novel investigador.

Algunos consejos relativos a lo que debe saber, a la educación técnica que necesita recibir, a las pasiones elevadas que deben alentarle, a los apocamientos y preocupaciones que será forzoso descartar, opinamos que podrán serle harto más provechosos que todos los preceptos y cautelas de la lógica teórica. Tal es la justificación del actual trabajo, en el cual, para decirlo de una vez, hemos reunido aquellos estímulos alentadores y paternales admoniciones que hubiéramos querido recibir en los albores de nuestra modesta carrera científica.

Superfluas serán nuestras advertencias para quien tuvo la fortuna de educarse en el laboratorio del sabio, bajo la benéfica influencia de las reglas vivas, encarnadas en una personalidad ilustre, animada del noble proselitismo de la ciencia y de la enseñanza; ociosas serán, asimismo, por los caracteres enérgicos y los talentos elevados, los cuales no necesitan ciertamente, según decíamos antes, para elevarse al conocimiento de la verdad, otros consejos que los que los sugeridos por el estudio y la meditación, pero acaso, repito, resulten confortadoras y provechosas para muchos espíritus modestos, apocados, aunque codiciosos de reputación, los cuales no cosechan el anhelado fruto por flaqueza de voluntad o la viciosa dirección de sus estudios.

A la voluntad, más que a la inteligencia, se enderezan nuestros consejos; porque tenemos la convicción de que aquélla, como afirma cuerdamente Payot, es tan educable como ésta, y creemos además que toda obra grande, en arte como en ciencia, es el resultado de una gran pasión puesta al servicio de una gran idea.

En siete capítulos dividiremos el presente trabajo: en el primero procuraremos disipar preocupaciones y falsos juicios que enervan al principiante, arrebatándole esa fe robusta en sí mismo, sin la cual ninguna investigación alcanza feliz término; en el segundo expondremos las cualidades de orden moral que deben adornarle, y que son como los depósitos de la energía tonificadora de su voluntad; en el tercero, lo que es menester que sepa para llegar suficientemente preparado al teatro de la lucha con la Naturaleza; en el cuarto apuntaremos las enfermedades de la voluntad y del juicio del que debe preservarse; en el quinto detallaremos el plan y marcha de la investigación misma (observación, explicación o hipótesis y comprobación); en el sexto haremos algunas advertencias tocantes a la redacción del trabajo científico; en el séptimo, en fin, consideraremos los deberes del investigador como maestro.

Por ser en España un problema de excepcional importancia, acabaremos nuestro librito con un breve estudio acerca de las causas de nuestro atraso científico y de las obligaciones del Estado en orden al fomento y enseñanza de la investigación.

CAPÍTULO II

Preocupaciones enervadoras del principiante

Admiración excesiva. Agotamiento de la cuestión. Devoción a la ciencia práctica. Deficiencia intelectual.

a) Admiración excesiva a la obra de los grandes iniciadores científicos

Entre las preocupaciones más funestas de la juventud intelectual contamos la extremada admiración a la obra de los grandes talentos y la convicción de que, dada nuestra cortedad de luces, nada podemos hacer para continuarla o completarla.

Esta devoción excesiva al genio tiene su raíz en un doble sentimiento de justicia y de modestia, harto simpático para ser vituperable, mas si se enseñorea con demasía del ánimo del novicio, aniquilada toda iniciativa e incapacitada en absoluto para la investigación original. Defecto por defecto, preferible es la arrogancia al apocamiento; la osadía mide sus fuerzas y vence o es vencida, pero la modestia excesiva huye de la batalla y se condena a vergonzosa inacción.

Cuando se abandona esa atmósfera de prestigio que se respira al leer el libro de un investigador genial, y se acude al laboratorio a confirmar los hechos donde aquél apoya sus fascinadoras concepciones, sucede a veces que nuestro culto por el ídolo disminuye tanto como crece el sentimiento de nuestra propia estima. Los grandes hombres son, a ratos, genios, a ratos, niños, y siempre incompletos. Aun concediendo que el genio, sometido al contraste de la observación, salga puro de todo error, consideremos que todo cuanto ha descubierto en un dominio dado es casi nada en parangón con lo que deja por descubrir. La Naturaleza nos brinda a todos con una riqueza inagotable, y no tenemos motivo para envidiar a los que nos precedieron ni exclamar como Alejandro ante las victorias de Filipo: «Mi padre no me va a dejar nada que conquistar».

No es lícito desconocer que existen creaciones científicas tan completas, luminosas y tan firmes, que parecen el fruto de una intuición casi divina, habiendo surgido perfectas, como Minerva de la cabeza de Júpiter. Mas la justa admiración causada por tales obras disminuiría mucho si imagináramos el tiempo y el esfuerzo, la paciencia y perseverancia, los tanteos y rectificaciones, hasta las casualidades que colaboraron en el éxito final, al cual contribuyeron casi tanto como el genio del investigador. Sucede en esto lo que en las maravillosas adaptaciones del organismo a determinadas funciones. El ojo o el oído del vertebrado, examinado aisladamente, constituyen un asombro, y parece imposible que se hayan formado por el solo concurso de las leyes naturales, mas si consideramos todas las gradaciones y formas de transición que en la serie filogénica nos ofrecen aquellos órganos, desde el esbozo ocular informe de ciertos infusorios y gusanos hasta la complicada organización del ojo del vertebrado inferior, nuestra admiración pierde no poco de su fuerza, acabando el ánimo por hacerse a la idea de una formación natural en virtud de variaciones, correlaciones orgánicas, selecciones y adaptaciones [1].

¡Qué gran tónico sería para el novel observador el que su maestro, en vez de asombrarlo y desalentarlo con la sublimidad de las grandes empresas acabadas, le expusiera la génesis de cada invención científica, la serie de errores y titubeos que la precedieron, constitutivos, desde el punto de vista humano, de la verdadera explicación de cada descubrimiento! Tal hábil táctica pedagógica nos traería la convicción de que el descubridor, con ser un ingenio esclarecido y una poderosa voluntad, fue, al fin y al cabo, un hombre como todos.

Lejos de abatirse el investigador novicio ante las grandes autoridades de la Ciencia, debe saber que su destino, por ley cruel, pero ineludible, es crecer un poco a costa de la reputación de las mismas. Pocos serán los que, habiendo inaugurado con alguna fortuna sus exploraciones científicas, no se hayan visto obligados a quebrantar y disminuir algo el pedestal de algún ídolo histórico o contemporáneo. A guisa de ejemplos clásicos recordemos a Galileo refutando a Aristóteles en lo tocante a la gravitación; a Copérnico arruinando el sistema del mundo de Ptolomeo; a Lavoisier reduciendo a la nada la concepción de Stalh acerca del flogístico; a Virchow refutando la generación espontánea de las células, supuesta por Schwann, Schleiden y Robin. Tan general e imperativa es esta ley, que se acredita en todos los dominios de la Ciencia y alcanza hasta los más humildes investigadores. Si nosotros pudiéramos ni nombrarnos siquiera después de

---

[1] Hoy creo menos en el poder de la selección natural que al escribir, treinta años hace, estas líneas. Cuanto más estudio la organización del ojo de vertebrados e invertebrados, menos comprendo las causas de su maravillosa y exquisitamente adaptada organización.

haber citado tan altos ejemplos, añadiríamos que, al iniciar nuestras pesquisas en la anatomía y fisiología de los centros nerviosos, el primer obstáculo que debimos remover fue la falsa teoría de Gerlach y de Golgi sobre las redes nerviosas difusas de la sustancia gris y sobre el modo de transmisión de las corrientes.

En la vida de los sabios se dan, por lo común, dos fases: la creadora o inicial, consagrada a destruir los errores del pasado y el alumbramiento de nuevas verdades y la senil o razonadora (que no coincide necesariamente con la vejez), durante la cual, disminuida la fuerza de producción científica, se defienden las hipótesis incubadas en la juventud[2], amparándolas con amor paternal del ataque de los recién llegados. Al entrar en la historia no hay grande hombre que no sea avaro de sus títulos y que no dispute encarnizadamente a la nueva generación sus derechos a la gloria. Muy triste, pero muy verdadera suele ser aquella amarga frase de Rousseau: «No existe sabio que deje de preferir la mentira inventada por él a la verdad descubierta por otro».

Aun en las ciencias más perfectas nunca deja de encontrarse alguna doctrina exclusivamente mantenida por el principio de autoridad. Demostrar la falsedad de esta concepción, y, a ser posible, refutarla con nuevas investigaciones, constituirá siempre un excelente modo de inaugurar la propia obra científica. Importa poco que la reforma sea recibida con malévolas censuras, con pérfidas invectivas, con silencios más crueles aún; como la razón esté de su parte, no tardará el innovador en arrastrar a la juventud, que, por serlo, no tiene pasado que defender; a su lado militarán también todos aquellos sabios imparcia-

---

[2] En reciente libro, Ostwald corrobora esta reflexión, haciendo notar que casi todos los grandes descubrimientos fueron obra de la juventud. Newton, Davy, Faraday, Hertz, Mayer son buenos ejemplos.

les, quienes, en medio del torrente avasallador de la doctrina reinante, supieron conservar sereno el ánimo e independiente el criterio.

Empero, no basta demoler; hay que construir. La crítica científica se justifica solamente entregando, a cambio de un error, una verdad. Por lo común, la nueva doctrina surgirá de las ruinas de la abandonada y se fundará estrictamente sobre los hechos rectamente interpretados. Menester será al innovador excluir toda concesión piadosa al error tradicional o a las ideas caídas, si no quiere ver prontamente compartida su fama por los espíritus detallistas y perfeccionadores brotados en gran número, a raíz de cada descubrimiento, como los hongos bajo la sombra del árbol.

b) Creencia en el agotamiento de los temas científicos

He aquí uno de los falsos conceptos que se oyen a menudo a nuestros flamantes licenciados: «Todo lo sustancial de cada tema científico está apurado: ¿qué importa que yo pueda añadir algún pormenor, espigar en un campo donde más diligentes observadores recogieron copiosa mies? Por mi labor, ni la Ciencia cambiará de aspecto, ni mi nombre saldrá de la oscuridad.

Así habla muchas veces la pereza, disfrazada de modestia. Así discurren algunos jóvenes de mérito al sentir los primeros desmayos producidos por la consideración de la magna empresa. No hay más remedio que extirpar radicalmente un concepto tan superficial de la Ciencia si no quiere el joven investigador caer definitivamente vencido en esa lucha que en su voluntad se entabla entre las utilitarias sugestiones del ambiente moral, encaminadas a convertirlo en un vulgar y adinerado practicón, y los nobles impulsos del deber y del patrimonio que le arrastran al honor y a la gloria.

En su anhelo por satisfacer la deuda honrosa contraída con sus maestros, el novel observador quisiera encontrar un filón nuevo y a flor de tierra, cuya fácil explotación levantara con empuje su nombre; mas, por desgracia, apenas emprendidas las primeras exploraciones bibliográficas, reconoce con dolor que el metal yace a gran profundidad y que el yacimiento superficial ha sido casi agotado y por observadores afortunados llegados antes que él, y que ejercitaron el cómodo derecho de primeros ocupantes.

No paran mientes los que así discurren en que hemos llegado tarde para unas cuestiones, hemos nacido demasiado temprano para otras y en que, a la vuelta de un siglo, nosotros vendremos a ser, por la fuerza de las cosas, los acaparadores de ciencia, los desfloradores de asuntos y los esquilmadores de minucias.

No es lícito, empero, desconocer que existen épocas en las cuales, a partir de un hecho casualmente descubierto o de la creación de un método feliz, se realizan en serie, y como por generación espontánea, grandiosos progresos científicos. Tal aconteció durante el Renacimiento, cuando Descartes, Pascal, Galileo, Bacon, Bayle, Newton, nuestro Sánchez, etc., patentizaron los errores de los antiguos y generalizaron la creencia de que, lejos de haber los griegos agotado el dominio de las ciencias, apenas habían dado los primeros pasos en el conocimiento positivo del Universo [3]. Fortuna y grande para un científico es

---

[3] La brillante serie de descubrimientos eléctricos que siguieron al encuentro de la pila de Volta, a principios del siglo pasado, la pléyade de trabajos histológicos provocados por el descubrimiento de Schwann acerca de la multiplicación celular, y la repercusión profunda que el no muy alejado hallazgo de los rayos Roentgen ha producido en toda la física (encuentro de la radiactividad, descubrimiento de radio, del polonio, del fenómeno de la

nacer en una de estas grandes crisis de ideas, durante las cuales, hecha tabla rasa de gran parte de la obra del pasado, nada es más fácil que escoger un tema fecundo.

Pero no exageremos esta consideración, y tengamos presente que, aun en nuestro tiempo, la construcción científica se eleva a menudo sobre las ruinas de teorías que pasan por indestructibles; consideremos que si hay ciencias que parecen tocar a su perfección, existen otras en vías de constitución y algunas que no han nacido todavía. En Biología, especialmente, a despecho de los inmensos trabajos efectuados en el pasado siglo, las cuestiones más esenciales esperan todavía solución (origen de la vida, problema de la herencia y evolución, estructura y composición química de la cédula, etc.).

En general, puede afirmarse que no hay cuestiones agotadas, sino hombres agotados en las cuestiones. Esquilmado para un sabio el terreno, muéstrase fecundo para otro. Un talento de refresco, llegado sin perjuicio al análisis de un asunto, siempre hallará un aspecto nuevo, algo de que no se percataron quienes creyeron definitivamente apurado aquel estudio. Tan fragmentario es nuestro saber, que aun en los temas más prolijamente explorados surgen a lo mejor insólitos hallazgos. ¡Quién, pocos años ha, hubiera sospechado que la luz y el calor guardaban todavía secretos para la Ciencia! Y, sin embargo, ahí están el argón de la atmósfera, los rayos X de Roentgen y el *radio* de los esposos Curie, para patentizar cuán insuficientes son nuestros métodos y cuán prematuras nuestra síntesis.

En Biología es donde tiene su mejor aplicación esta bella frase de Saint-Hilaire: «Delante de nosotros está

---

emanación, etc.) son buenos ejemplos de esa virtud creadora, y en cierto modo automática, que posee todo gran descubrimiento, el cual parece crecer y multiplicarse como la semilla arrojada al azar sobre terreno fértil.

siempre el infinito». Y el pensamiento no menos gráfico de Carnoy: «La Ciencia se crea, pero nunca está creada». No es dado a todos aventurarse en la selva y trazar, a fuerza de energía, un camino practicable, pero aun los más humildes podemos aprovecharnos del sendero abierto por el genio, y arrancar, caminando por él, algún secreto a lo desconocido.

Aun aceptando que el principiante deba resignarse a recoger detalles escapados a la sagacidad de los iniciadores, es también positivo que los buscadores de minucias acaban por adquirir sensibilidad analítica tan exquisita y pericia de observación tan notable, que al fin abordan con fortuna cuestiones trascendentales.

¡Cuántos hechos, al parecer triviales, han conducido a ciertos investigadores, adecuadamente preparados por el conocimiento de los métodos, a grandes conquistas científicas! Consideremos, además, que, por consecuencia de la progresiva diferenciación de la Ciencia, las minucias de hoy serán acaso mañana verdades importantes.

Esto sin contar con que nuestra apreciación de lo importante y de lo accesorio, de lo grande y de lo pequeño, asiéntase en un falso juicio, en un verdadero error antropomórfico. En la Naturaleza no hay superior ni inferior, ni cosas accesorias y principales. Estas jerarquías que nuestro espíritu se complace en asignar a los fenómenos naturales, proceden de que, en lugar de considerar las cosas en sí y en su interno encadenamiento, las miramos solamente en relación a la utilidad o el placer que puedan proporcionarnos. En la cadena de la vida todos los eslabones son igualmente valiosos, porque todos resultan igualmente necesarios. Juzgamos pequeño lo que vemos de lejos o no sabemos ver. Aun adoptando el punto de vista del egoísmo humano, ¡qué de cuestiones de alta humanidad laten en el misterioso protoplasma del más humilde microbio! Nada parece más trascendental en bacteriología que el conocimiento de las bacterias infecciosas, y nada más secundario que el de los microbios inofensivos pululantes en las infusiones y materias orgánicas en descomposición; y, no obstante, si desapareciesen estos humildes hongos, cuya misión es reintegrar a la circulación general de la materia los principios secuestrados por los animales y plantas superiores, bien pronto el planeta se tornaría inhabitable para el hombre.

Acaso en ningún dominio se muestra mejor la trascendencia del detalle como en los métodos técnicos de la Biología. Para no citar sino un ejemplo, recordemos que R. Koch, el gran bacteriólogo alemán, por haber tenido la idea de adicionar a un color básico de anilina un poco de álcali, logró teñir y descubrir el *bacilo* de la *tuberculosis,* desentrañando así la etiología de una enfermedad hasta entonces rebelde a la sagacidad de los más ilustres patólogos.

De esa falta de perspectiva moral, cuando de aquilatar las adquisiciones científicas se trata, han participado hasta los más preclaros ingenios. ¡Qué de gérmenes de grandes invenciones, mencionadas como curiosidades de poco momento, hallamos hoy en las obras de los antiguos y hasta en las de los sabios del Renacimiento! Perdido en un indigesto Tratado de Teología *(Christianismi restitutio),* escribió Servet, como al desdén, tres líneas tocantes a la circulación pulmonar, las cuales constituyen hoy su principal timbre de gloria. ¡Grande sería la sorpresa del filósofo aragonés si hoy resucitara y viera totalmente olvidada sus laboriosas disquisiciones metafísicas, y exaltado un hecho al cual no debió conceder más interés que el de un argumento accesorio para su tesis de que el alma reside en la sangre! De un pasaje de Séneca se infiere que los antiguos conocieron ya el poder amplificante de una esfera de cristal llena de agua. ¡Quién hubiera sospechado que en dicho fenómeno amplificante, desestimado durante muchos siglos, dormían en germen dos poderosos instrumentos analíticos: el microscopio y el telescopio, y dos ciencias a cual más grandiosa: la Biología y la Astronomía!

En resumen, no hay cuestiones pequeñas; las que lo parecen son cuestiones grandes no comprendidas. En vez de menudencias indignas de ser consideradas por el pensador, lo que hay es hombres cuya pequeñez intelectual no alcanza a penetra la trascendencia de lo minúsculo. Constituye la Naturaleza mecanismo armónico, donde las piezas, aun las que parecen desempeñar oficio accesorio, conspiran al conjunto funcional; al contemplar este mecanismo, el hombre ligero distingue arbitrariamente sus principales órganos en esenciales y secundarios; en cambio, el pensador discreto se contenta con clasifiarlos, prescindiendo de tamaños y de sus efectos útiles inmediatos, en conocidos y poco conocidos. En cuanto a su futura trascendencia, nadie puede ser profeta.

c) CULTO EXCLUSIVO A LA CIENCIA LLAMADA PRÁCTICA

Otro de los vicios del pensamiento que importa combatir a todo trance es la falsa distinción en ciencia *teórica* y ciencia *práctica,* con la consiguiente alabanza de la última y el desprecio sistemático de la primera. Y este error se propala inconscientemente entre la juventud, desviándola de toda labor de inquisición desinteresada.

No son, ciertamente, *las gentes del oficio,* las que incurren en semejante falta de apreciación, sino muchos abogados, literatos, industriales y, desgraciadamente, hasta algunos estadistas conspicuos, cuyas iniciativas de tan graves consecuencias pueden ser para la obra de la cultura patria.

A estos tales no se les caen de la boca las siguientes frases: «Menos doctores y más industriales. Las naciones no miden su grandeza por lo que saben, sino por la copia de conquistas científicas aplicadas al comercio, a la industria, a la agricultura, a la medicina y al arte militar. Dejemos a los cachazudos y linfáticos tudescos con sus sutiles indagaciones de ciencia pura, con su loco afán de escudriñar los últimos resortes de la vida, y consagrémonos por nuestra parte a sacar el jugo práctico de los principios de la Ciencia, encarnándolos en positivas mejoras de la existencia humana. España ha menester máquinas para nuestros trenes y barcos; recetas prácticas para la agricultura y la industria; fábricas de abonos, higiene racional; en suma, cuanto contribuya a fomentar la población, riqueza y bienestar de los pueblos. Líbrenos Dios de sabios ociosos, entretenidos en especulaciones sutiles, o entregados a la conquista de lo menudo, que si no costara demasiado caro, podría calificarse de pasatiempo frívolo y hasta ridículo».

Tal es el cúmulo de inepcias que a cada paso formulan los que al viajar por el extranjero ven, por un espejismo extraño, el progreso en los efectos y no en las causas; los que, en sus cortos alcances, no advierten esos hilos misteriosos que enlazan la fábrica con el laboratorio, como el arroyo a su manantial. Creen de buena fe que, tanto los sabios como los pueblos, forman dos grupos: los que pierden el tiempo en especulaciones de ciencia pura y estéril, y los que saben hallar hechos de aplicación inmediata al aumento y comodidad de la vida[4].

---

[4] La opinión vulgar aquí combatida ha sido repudiada elocuentemente por casi todos los sabios. No resisto, sin embargo, a la tentación de copiar una comparación presentada bajo diversas y brillantes formas por nuestro

¿Tendremos necesidad de insistir sobre lo absurdo de tal doctrina? ¿Habrá alguno tan menguado de sindéresis que no repare que allí donde los principios o los hechos son descubiertos brotan también, por modo inmediato, las aplicaciones? En Alemania, en Francia, en Inglaterra la fábrica vive en íntima comunión con el laboratorio, y por lo común el iniciador mismo de la verdad científica dirige, ora por sí, ora mediante sociedades explotadoras, el aprovechamiento industrial. Semejantes alianzas saltan a la vista en esas grandes fábricas de colores de anilina, que constituyen uno de los filones más prósperos de la industria alemana, suiza y francesa. Tan notorio es este hecho que huelgan aquí ejemplos demostrativos. Empero, por recientes y significativos, quiero citar dos: la grande industria de la construcción de objetivos de precisión (micrográficos, fotográficos y astronómicos) creada en Alemania por los profundos estudios de óptica matemática del profesor Abber, de Jena, y los cuales aseguran a la Prusia un monopolio de valor enorme que sufraga el mundo entero [5], y la fabricación de sueros terapéuticos,

---

incomparable vulgarizador científico don José Echegaray, cuya desaparición ha dejado a la ciencia española huérfana de un gran talento:

«La ciencia pura es como la soberbia nube de oro y grana que se dilata en Occidente, entre destellos de luz y matices maravillosos: no es ilusión, es resplandor, la hermosura de la verdad. Pero una nube se eleva, el viento la arrastra sobre los campos y ya toma tintas más oscuras y más severas, es que va a la faena y cambia sus trajes de fiesta, digámoslo así, por la blusa de trabajo. Y entonces se condensa en lluvia, y riega las tierras, y se afana en el terruño, y prepara la futura cosecha, y al fin dan los hombres el pan nuestro de cada día. Lo que empezó por hermosura para el alma y para la inteligencia, concluye por ser alimento para la pobre vida corporal» (Academia de Ciencias, sesión solemne del 1.º de marzo de 1910).

[5] Esto se escribía en 1896. Actualmente, la fábrica de instrumentos ópticos de Jena cuenta al frente de sus secciones nada menos que 33 investigadores matemáticos, ópticos, mecánicos y químicos, todos de primera fuerza. Legiones de químicos trabajan también en las grandes fábricas de productos químicos alemanes demostrando que el único medio de que la industria evite la ruina y el estancamiento es convertir el laboratorio en antesala de la fábrica.

nacida en Berlín y perfeccionada en París, y en la cual intervienen, como es natural y legítimo, Behring y Roux, creadores de los principios científicos de la sueroterapia.

Cultivemos la ciencia por sí misma, sin considerar por el momento las aplicaciones. Éstas llegan siempre, a veces tardan años; a veces, siglos. Poco importa que una verdad científica sea aprovechada por nuestros hijos o por nuestros nietos. Medrada andaría la causa del progreso si Galvani, si Volta, si Faraday, si Hertz, descubridores de los hechos fundamentales de la ciencia de la electricidad, hubieran menospreciado sus hallazgos por carecer entonces de aplicación industrial.

Dejamos consignado que lo inútil, aun aceptando el punto de vista humano (con las necesarias restricciones de tiempo y lugar), no existe en la Naturaleza. Y, en último extremo, aun cuando no fuera posible poner al servicio de nuestra comodidad y provecho ciertas conquistas científicas, siempre quedaría una utilidad positiva: la noble satisfacción de nuestra curiosidad satisfecha y la fruición incomparable causada en el ánimo por el sentimiento de nuestro poder ante la dificultad.

En suma: al abordar un problema, considerémoslo en sí mismo, sin desviarnos por motivos segundos, cuyo perseguimiento, dispensando la atención, mermaría nuestra fuerza analítica. En la lucha con la Naturaleza, el biólogo, como el astrónomo, debe prescindir de la tierra que habita y concentrar su mirada en la serena región de las ideas, donde, tarde o temprano, surgirá la luz de la verdad. Establecido el hecho nuevo, las aplicaciones vendrán a su sazón, es decir, cuando aparezca otro hecho capaz de fecundarlo, pues, como es bien sabido, el *invento* no es otra cosa que la conjunción de dos o más verdades en una resultante útil. La Ciencia registra muchos hechos cuya utilidad es actualmente desconocida, pero, al cabo de unos lustros, o acaso de siglos, ve la luz una nueva verdad que tiene con aquéllos misteriosas afinidades, y la *criatura industrial* resultante se llama fotografía, fonógrafo, análisis espectral, telegrafía sin hilos, vuelo mecánico, etc. Trátese siempre de una síntesis a corto o a largo plazo. Porta descubrió la cámara oscura, hecho aislado, del cual apenas se sacó partido para el arte del diseño; Wedgwood y Davy señalaron en 1802 la posibilidad de obtener imágenes fotográficas sobre un papel lubricado en una solución de nitrato argéntico; pero como la copia no podía fijarse, este otro hallazgo no tuvo consecuencia; después llegó John Herschel, que logró disolver la sal argéntica no impresionada por la luz; con ello fue ya posible la fijación de la fugitiva silueta luminosa. Con todo eso, la débil sensibilidad de las sales argénticas hasta entonces aprovechadas hacía casi imposible el empleo del aparato de Porta; por fin aparece Daguerre, quien descubre en 1839, con la exquisita sensibilidad del yoduro argéntico, la imagen latente, sintetiza admirablemente los inventos de sus predecesores y crea en sus fundamentos la fotografía actual.

Así evolucionan todos los inventos: los materiales son, en diversas épocas, acarreados por sagaces cuanto infortunados observadores, que no lograron recoger fruto alguno de sus hallazgos, en espera de las verdades fecundantes; mas una vez acopiados todos los datos, llega un sabio feliz, no tanto por su originalidad como por haber nacido oportunamente, considera los hechos desde el punto de vista humano, opera la síntesis y el invento surge.

d) Pretendida cortedad de luces

Para justificar deserciones y desmayos alegan algunos falta de capacidad para la ciencia. «Yo tengo gusto para los trabajos de laboratorio —nos dicen—, pero no sirvo para inventar nada.» Cierto que hay cabezas refractarias para la labor experimental, y entre ellas contamos todas las incapacidades de atención prolongada y exentas de curiosidad y de admirabilidad por las obras de la Naturaleza. Pero la inmensa mayoría de los que se confiesan incapaces, ¿lo son positivamente? ¿No exageran, tal vez, las dificultades de la empresa y la penuria de sus aptitudes? Tal creemos, y añadiremos aún que muchos toman habitualmente por incapacidad la mera lentitud del concebir y del aprender, y a veces, la propia pereza o la falta de alguna cualidad de orden secundario, como la paciencia, la minuciosidad, la constancia, atributos que se adquieren pronto con el hábito del trabajo y con la satisfacción del éxito.

En nuestro concepto, la lista de los aptos para la labor científica es mucho más larga de lo que se cree, y se compone, no sólo de los talentos superiores, de los fáciles, de los ingenios agudos codiciosos de reputación y ansiosos de enlazar su nombre a una obra grande, sino también de esos entendimientos regulares, conocidos con el dictado de *mañosos,* por la habilidad y tino con que realizan toda obra manual, de esos otros dotados de temperamento artístico y que sienten con vehemencia la belleza de las obras de la Naturaleza, en fin, de los meramente curiosos, flemáticos, cachazudos, *devotos de la religión de lo menudo* y capaces de consagrar largas horas al examen del más insignificante fenómeno natural. La ciencia, como los ejércitos, necesita generales y soldados, aquéllos conciben el plan, pero éstos son los que positivamente vencen. Que no por modesta deja de ser altamente estimable la colaboración de los perfeccionadores y confirmadores: gracias a estos obreros del progreso, la concepción del genio adquiere vigor y claridad, pasando de la categoría de símbolo abstracto a realidad viva, apreciada y conocida de todos.

A fin de que cada uno pueda cerciorarse de su aptitud para los trabajos del laboratorio, diversos medios pueden ensayarse. Aludiendo aquí a los estudios de nuestra predilección, nosotros aconsejaríamos estos dos:

1.° Empleo de un método analítico que pase por incierto y difícil hasta que, a fuerza de paciencia y trabajo, se obtengan los resultados mencionados por los autores. El éxito lisonjero en este caso, sobre todo si se ha logrado sin la vigilancia del maestro, es decir, trabajando aisladamente, será indicio claro de la aptitud para la labor de investigación.

2.° Estudio de un tema científico, de cierta dificultad, donde las opiniones contradictorias abunden y para el cual el aficionado se preparará examinando superficialmente el estado de la cuestión (mera lectura de los libros de consulta, sin llegar a las monografías especiales). Si después de algunos meses de trabajo experimental, nuestro principiante repara, al consultar la bibliografía más moderna del tema, que ha conseguido adivinar algunas conquistas recientes; que en puntos muy litigiosos ha coincidido con las interpretaciones de sabios ilustres, que, en fin, ha acertado a sortear errores de apreciación en que incurrieron algunos autores, debe abandonar su timidez y entregarse sin reservas a la labor científica, pues en ella le esperan, pocos o muchos, según sea la actividad que despliegue, triunfos y satisfacciones.

Aun los medianamente dotados, desde el punto de vista intelectual, podrán conseguir algún fruto, con tal de que abriguen fe robusta en la virtud creadora de la educación y se contraigan a profundizar, durante mucho tiempo, un tema limitado.

Aun a riesgo de redundancia o de parecer pesados y prolijos, séanos permitido presentar contra los escépticos en los milagros de la voluntad las siguientes reflexiones:

gogos, el descubrimiento no es fruto de ningún talento originariamente especial, sino del sentido común mejorado y robustecido por la educación técnica y por el hábito de meditar sobre los problemas científicos [6]. Así, pues, quien disponga de regular criterio para guiarse en la vida, lo tendrá también para marchar desembarazado por el camino de la investigación.

b) El cerebro juvenil posee plasticidad exquisita, en cuya virtud puede, a impulsos de un *enérgico querer,* mejorar extraordinariamente su organización creando asociaciones interideales nuevas, depurando y afinando el juicio.

c) Las deficiencias de la aptitud nativa son compensables mediante un exceso de trabajo y de atención. Cabría afirmar que el trabajo sustituye al talento, o mejor dicho, *crea el talento.* Quien desee firmísimamente mejorar su capacidad, acabará por lograrlo, a condición de que la labor educadora no comience demasiado tarde, en una época en que la plasticidad de las células nerviosas está casi del todo suspendida. No olvidemos que por la lectura y meditación de las obras maestras todo hombre es dueño de asimilarse una gran parte del ingenio que las creó, dado que toma de éste no sólo las doctrinas, sino el criterio, los principios directores y hasta el estilo.

d) En la mayor parte de los casos, eso que llamamos talento genial y especial, no implica superioridad *cualita-*

---

[6] «Es el sentido común trabajando a alta tensión», según la frase gráfica de nuestro Echegaray.

tiva, sino *expeditiva,* consistiendo solamente en hacer deprisa y con brillante éxito lo que las inteligencias regulares elaboren lentamente, pero bien. En vez de distinguir los entendimientos en grandes y pequeños, fuera preferible y más exacto (al menos en muchos casos) clasificarlos en *lentos* y *rápidos*[7]. Los entendimientos rápidos son ciertamente los más brillantes y sugestivos, son insustituibles en la conversación, en la oratoria, en el periodismo, en toda obra en que el tiempo sea factor decisivo, pero en las empresas científicas los *lentos* resultan tan útiles como los rápidos, porque al científico, como al artista, no se le juzga por la viveza del producir, sino por la excelencia de la producción. Aun osaríamos añadir que, por una compensación muy común, las *cabezas lentas* poseen gran resistencia para la atención prolongada, y abren ancho y profundo surco en las cuestiones, mientras que las *rápidas* suelen fatigarse pronto, después de haber desbrozado apenas el terreno. Hay en esto, sin embargo, numerosas excepciones: Newton, Davy, Pasteur, Virchow, etc., fueron talentos rápidos y dejaron ancha estela luminosa.

e) Si, a despecho de los esfuerzos hechos por mejorarla, nuestra memoria es inconstante y poco tenaz, *adminístrémosla* bien. Como dice Epitecto: «Cuando en el juego de la vida vienen malas cartas, no hay más remedio que sacar el mejor partido posible de las que se tienen». Enseña la historia de los grandes descubrimientos que su excelencia no dimana siempre de un ingenio superior, sino de un entendimiento y memoria regulares, pero há-

---

[7] Es singular la coincidencia de esta doctrina con la clasificación en *clásicos y románticos* (talentos de reacciones lentas y talentos de reacciones rápidas), dada por Ostwald en su reciente e interesante libro sobre *Los grandes hombres.*

bilmente aprovechados. Grandes novadores científicos, como Helmholtz, quejáronse de escasez de memoria, considerando como un suplicio el aprenderse de coro un escrito. Por compensación, los escasamente memoriosos de palabras y de frases, suelen gozar de excelente retentiva de ideas y de series de razonamientos. Ya Locke notó que los dotados de gran ingenio y pronta memoria no sobresalen siempre en el juicio.

f) Para poder consagrar al tema de nuestras meditaciones todas las escasas facultades que poseemos, desechemos las ocupaciones innecesarias, y esas ideas parásitas tocantes a las menudencias fútiles de la vida, y fijemos tan sólo en la mente, a favor de una atención ahincada y persistente, los datos relativos al problema que nos ocupa. Condenémonos, durante la gestión de nuestra obra, a ignorar lo demás: la política, la literatura, la música, la chismografía, etc. Hay casos en que la ignorancia es una gran virtud, casi un heroísmo: los libros inútiles, perturbadores de la atención, pesan y ocupan lugar tanto en nuestro cerebro como en los estantes de las bibliotecas, y deshacen o estorban la adaptación mental del asunto. El *saber ocupa lugar,* diga lo que quiera la sabiduría popular.

g) Aun el talento mediano llegará a ilustrarse con trabajos estimables en varias ciencias, con tal de abandonar la pretensión de abarcarlas todas a la vez, concentrará, pues, sucesivamente, es decir, por épocas, su atención en cada tema, y debilitará o borrará sus adquisiciones anteriores en otros dominios. Lo que equivale a declarar que el cerebro es adaptable a la ciencia total en el *tiempo,* pero no en el *espacio.* En realidad, hasta las grandes capacidades proceden de este modo, y así, cuando algún sabio nos asombra con publicaciones sobre diversas disciplinas, reparemos que a cada materia corresponde una época. Ciertamente, los conocimientos anteriores no habrán desaparecido enteramente de la mente del autor, pero se habrán simplificado; condensándose en fórmulas o símbolos abreviadísimos; de esta suerte puede quedar libre en la *pizarra cerebral* un gran espacio para el registro y estampación de las nuevas imágenes.

CAPÍTULO III

Cualidades de orden moral que debe poseer el investigador

Las cualidades indispensables al cultivador de la investigación son: la independencia mental, la curiosidad intelectual, la perseverancia en el trabajo, la religión de la patria y el amor a la gloria.

De atributos intelectuales no hay que hablar, pues damos por supuesto que el aficionado a las tareas del laboratorio goza de un regular entendimiento, de no despreciable imaginación, y sobre todo de esa armónica ponderación de facultades que vale mucho más que el talento brillante, pero irregular y desequilibrado.

Afirma Carlos Richet que en el hombre de genio se juntan los idealismos de Don Quijote al buen sentido de Sancho. Algo de esta feliz conjunción de atributos debe poseer el investigador, temperamento artístico que le lleve a buscar y contemplar el número, la belleza y la armonía de las cosas, y sano sentido crítico capaz de refrenar los arranques temerarios de la fantasía y de hacer que prevalezcan en esa lucha por la vida entablada en nuestra mente por las ideas, los pensamientos que más fielmente traducen la realidad objetiva.

a) Independencia de juicio

Rasgo dominante en los investigadores eminentes es la altiva independencia de criterio. Ante la obra de sus predecesores y maestros no permanecen suspensos y anonadados, sino recelosos y escudriñadores. Aquellos espíritus que, como Vesalio, Eustaquio y Harveo, corrigieron la obra anatómica de Galeno, y aquellos otros llamados Copérnico, Keplero, Newton y Huyghens, que echaron abajo la astronomía de los antiguos, fueron sin duda preclaros entendimientos, pero, ante todo, poseyeron individualidad mental ambiciosa y descontentadiza y osadía crítica extraordinaria. De los dóciles y humildes pueden salir los santos, pocas veces los sabios. Tengo para mí que el excesivo cariño a la tradición, el obstinado empeño en fijar la Ciencia en las viejas fórmulas del pasado, cuando no denuncian invencible pereza mental, representan la bandera que cubre los intereses creados por el error.

¡Desgraciado del que, en presencia de un libro, queda mudo y absorto! La admiración extremada achica la personalidad y ofusca el entendimiento, que llega a tomar las hipótesis por demostraciones, las sombras por claridades.

Harto se me alcanza que no es dado a todos sorprender a la primera lectura los vacíos y lunares de un libro inspirado. La veneración excesiva, como todos los estados pasionales, excluye el sentido crítico. Si después de una lectura sugestiva nos sentimos débiles, dejemos pasar algunos días; fría la cabeza y sereno el juicio, procedamos a una segunda y hasta a una tercera lectura. Poco a poco los vacíos aparecen; los razonamientos endebles se patentizan; las hipótesis ingeniosas se desprestigian y muestran lo deleznable de sus cimientos; la magia misma del estilo acaba por hallarnos insensibles, nuestro entendimiento, en fin, reacciona. El libro no tiene en nosotros un devoto, sino un juez. Éste es el momento de investigar, de cambiar las hipótesis del autor por otras más razonables, de someterlo todo a crítica severa.

Al modo de muchas bellezas naturales, las obras humanas necesitan, para no perder sus encantos, ser contemplada a distancia. El análisis es el microscopio que nos aproxima al objeto y nos muestra la grosera urdimbre del tapiz, disípase la ilusión cuando salta a los ojos lo artificioso del bordado y los defectos del dibujo.

Se dirá acaso que en los presentes tiempos, que han visto derrocados tantos ídolos y mermados u olvidados muchos viejos prestigios, no es necesario el llamamiento al sentido crítico y al espíritu de duda. Cierto que no es tan urgente hoy como en otras épocas; pero todavía conserva la rutina sus fueros; aún se da con harta frecuencia el fenómeno de que los discípulos de un hombre ilustre gasten sus talentos, no en esclarecer nuevos problemas, sino en defender los errores del maestro. Importa notar que también en esta época de irreverente crítica y de revisión de valores, la disciplina de escuela reina en las Universidades de Francia, Alemania e Italia, con un despotismo tal, que sofoca a veces las mejores iniciativas e impide el florecimiento de pensadores originales. Los que nos batimos en la brecha como simples soldados, ¡cuántos casos ejemplares podríamos citar de esta servidumbre de escuela o de cenáculo! ¡Qué de talentos conocemos que no han tenido más desgracia que haber sido discípulos de un gran hombre! Y aquí aludimos a esas naturalezas generosas y agradecidas, las cuales, sabiendo inquirir la verdad, no osan declararla por no arrebatar al maestro parte de su prestigio, que, asentado en el error, caerá tarde o temprano al empuje de adversarios menos escrupulosos.

Por lo que hace a esas naturalezas dóciles, tan fáciles a la sugestión como pasivas y perseverantes en el error, las cuales forman el séquito de los jefes de escuela, su misión ha sido siempre adular al genio y aplaudir sus extravíos. Éste es el pleito-homenaje que la medianía rinde complaciente al talento superior. Ello se comprende bien recordando que los cerebros débiles se adaptan mejor al error, casi siempre sencillo, que a la verdad, a menudo austera y difícil.

b) PERSEVERANCIA EN EL ESTUDIO

Ponderan con razón los tratadistas de lógica la virtud creadora de la atención; pero insisten poco en una variedad del atender que cabría llamar *polarización cerebral* o *atención crónica,* esto es, la orientación permanente, durante meses y aun años, de todas nuestras facultades hacia un objeto de estudio. Infinitos son los ingenios brillantes que por carecer de este atributo, que los franceses designan *esprit de suite,* se esterilizan en sus meditaciones. A docenas podría yo citar españoles que, poseyendo un intelecto admirablemente adecuado para la investigación científica, retíranse desanimados de una cuestión sin haber medido seriamente sus fuerzas, y acaso en el momento mismo en que la Naturaleza iba a premiar sus afanes con la revelación ansiosamente esperada. Nuestras aulas y laboratorios abundan en estas naturalezas tornadizas e inquietas, que aman la investigación y se pasan los días de turbio en turbio ante la retorta o el microscopio; su febril actividad revélase en el alud de conferencias, folletos y libros, en que prodigan erudición y talento considerables; fustigan continuamente la turba garrula de traductores y teorizantes, proclamando la necesidad inexcusable de la observación y estudio de la Naturaleza en la Naturaleza misma; y cuando tras largos años de propaganda y de labor experimental se pregunta a los íntimos de tales hombres, a los asiduos del misterioso cenáculo donde aquéllos oficían de pontifical confiesan ruborosos que la misma fuerza del talento, la casi imposibilidad de ver en pequeño la extraordinaria amplitud y alcance de la obra emprendida, han imposibilitado llevar a cabo ningún progreso parcial y positivo. He aquí el fruto obligado de la flojedad o de la dispersión excesiva de la atención, así como de pueril alarde enciclopedista, inconcebible hoy en que hasta los sabios más insignes se especializan y concentran para producir. Pero sobre los vicios de la voluntad trataremos más adelante.

Para llevar a feliz término una indagación científica, una vez conocidos los métodos conducentes al fin, debemos fijar fuertemente en nuestro espíritu los términos del problema, a fin de provocar enérgicas corrientes de pensamiento, es decir, asociaciones cada vez más complejas y precisas entre las imágenes recibidas por la observación y las ideas que dormitan en nuestro inconsciente; ideas que sólo una concentración vigorosa de nuestras energías mentales podrá llevar al campo de la conciencia. No basta la atención expectante, ahincada; es preciso llegar a la preocupación. Importa aprovechar para la obra todos los monumentos lúcidos de nuestro espíritu, ya la meditación que sigue al descanso prolongado, ya el trabajo mental supraintensivo que sólo da la célula nerviosa caldeada por la congestión, ora, en fin, la inesperada intuición que brota a menudo, como la chispa del eslabón, del choque de la discusión científica.

Casi todos los que desconfían de sus propias fuerzas ignoran el maravilloso poder de la atención prolongada. Esta especie de polarización cerebral con relación a un cierto orden de percepciones afina el juicio, enriquece nuestra sensibilidad analítica, espolea la imaginación constructiva y, en fin, condensando toda la luz de la razón en las negruras del problema, permite descubrir en éste inesperadas y sutiles relaciones. A fuerza de horas de exposición, una placa fotográfica situada en el foco de un anteojo dirigido al firmamento llega a revelar astros tan lejanos, que el telescopio más potente es incapaz de mostrarlos; a fuerza de tiempo y de atención, el intelecto llega a percibir un rayo de luz en las tinieblas del más abstruso problema.

La comparación precedente no es del todo exacta. La fotografía astronómica limítase a registrar actos preexistentes de tenue fulgor; mas en la labor cerebral se da un acto de creación. Parece como si la representación mental obstinadamente contemplada, emitiera, al modo de un amibo, apéndices invasores que, después de crecer en todos sentidos y de sufrir extravíos y detenciones, acabarán por vincularse estrechamente con las ideas afines.

La forja de la nueva verdad exige casi siempre severas abstenciones y renuncias. Convendrá durante la susodicha incubación intelectual que el investigador, a modo de sonámbulo, atento sólo a la voz del hipnotizador, no vea ni considere otra cosa que lo relacionado con el objeto de estudio: en la cátedra, en el paseo, en el teatro, en la conversación, hasta en la lectura meramente artística, buscará ocasión de intuiciones, de comparaciones y de hipótesis, que le permitan llevar alguna claridad a la cuestión que le obsesiona. En este proceso adaptativo nada es inútil: los primeros groseros errores, así como las falsas rutas por donde la imaginación se aventura, son necesarios, pues acaban por conducirnos al verdadero camino, y entran, por tanto, en el éxito final, como entran en el acabado cuadro del artista los primeros informes bocetos.

Cuando se reflexiona sobre la curiosa propiedad que el hombre posee de cambiar y perfeccionar su actividad mental con relación a un objeto o problema profundamente meditado, no puede menos de sospecharse que el cerebro, merced a su plasticidad, evoluciona anatómica y dinámicamente, adaptándose progresivamente al tema. Esta adecuada y específica organización adquirida por las células nerviosas produce a la larga lo que yo llamaría *talento profesional* o *de adaptación,* y tiene por motor la propia voluntad, es decir, la resolución enérgica de adecuar nuestro entendimiento a la naturaleza del asunto. En cierto sentido no sería paradójico afirmar que el hombre que plantea un problema no es enteramente el mismo que lo resuelve; por donde tienen fácil y llana explicación esas exclamaciones de asombro en que prorrumpe todo investigador al considerar lo fácil de la solución tan laboriosamente buscada. ¡Cómo no se me ocurrió esto desde el principio! —exclamamos—. ¡Qué obcecación la mía al obstinarme en marchar por caminos que no conducen a parte alguna!

Si, a pesar de todo, la solución no aparece y presentimos, no obstante, que el asunto se acerca a su madurez, procurémonos algún tiempo de reposo. Algunas semanas de solaz y de silencio en el campo traerán la calma y la lucidez a nuestro espíritu. Esta frescura del intelecto, como la escarcha matinal, marchitará la vegetación parásita y viciosa que ahogaba la buena semilla. Y al fin surgirá la flor de la verdad, que, por lo común, abrirá su cáliz, al rayar el alba, tras largo y profundo sueño, durante esas horas plácidas de la mañana que Goethe y tantos otros consideraron propicias a la invención.

También los viajes, al traernos imágenes del mundo y remover nuestro fondo ideal, poseen la preciosa virtud de renovar el pensamiento y de disipar enervadoras preocupaciones. ¡Cuántas veces el rudo trepidar de la locomotora y el recogimiento y soledad espiritual reinante en el vagón (el *desierto de hombres,* que diría Descartes), nos ha sugerido ideas que justificó ulteriormente el laboratorio!

En los tiempos que corremos, en que la investigación científica se ha convertido en una profesión regular que cobra nómina del Estado, no le basta al observador concentrarse largo tiempo en un tema: necesita además imprimir una gran actividad a sus trabajos. Pasaron aquellos hermosos tiempos de antaño en que el curioso de la Naturaleza, recogido en el silencio de su gabinete, podía estar seguro de que ningún émulo vendría a turbar sus tranquilas meditaciones. Hogaño, la investigación es fiebre, apenas un nuevo método se esboza, numerosos sabios se aprovechan de él, aplicándolos casi simultáneamente a los mismos temas y mermando la gloria del iniciador, que carece de la holgura y tiempo necesarios para recoger todo el fruto de su laboriosidad y buena estrella.

Inevitablemente son, por consecuencia, las coincidencias y las contiendas de prioridad. Y es que, lanzada al público una idea, entra a formar parte de ese ambiente intelectual donde todos nutrimos nuestro espíritu; y en virtud del isocronismo funcional reinante en las cabezas preparadas y polarizadas para un trabajo dado, la idea nueva es simultáneamente asimilada en París y en Berlín, en Londres y en Viena, casi de idéntico modo, y con similares desarrollos y aplicaciones. La invención crece y se desarrolla, al modo de un organismo, espontánea y automáticamente, como si los sabios quedasen reducidos a meros cultivadores de la semilla sembrada por un genio. Todos entrevén la espléndida floración de hechos nuevos, y todos desean, naturalmente, acaparar la espléndida cosecha. Esto explica la impaciencia por publicar, así como lo imperfecto y fragmentario de muchos trabajos de laboratorio. El afán de llegar antes nos lleva a veces a incurrir en ligerezas; pero ocurre también que el ansia febril de tocar la meta los primeros nos granjea el mérito de la prioridad.

En todo caso, si alguien se nos adelanta, haremos mal en desalentarnos. Continuemos impertérritos la labor, que al fin llegará nuestro turno. Ejemplo elocuente de incansable perseverancia nos dio una mujer gloriosa. Madame Curie, cuando, habiendo descubierto la radiactividad del *torio,* sufrió la desagradable sorpresa de saber que poco antes el mismo hecho había sido anunciado por Schmidt en los *Wiedermann Annalen,* lejos de desanimarle la noticia, prosiguió sin tregua sus pesquisas, ensayó al electroscopio nuevas sustancias, entre ellas cierto óxido de urano (la *pechblende)* de la mina de Johanngeorgenstadt, cuyo poder radiactivo sobrepuja en cuatro veces al del uranio. Y sospechando que aquella materia tan activa encerraba un cuerpo nuevo, emprendió, con el concurso de M. Curie, una serie de ingeniosos, pacientes y heroicos trabajos, cuyo galardón fue el hallazgo de un nuevo cuerpo, el estupendo *radio,* cuyas maravillosas propiedades, provocando numerosas investigaciones, han revolucionado la química y la física.

En España, donde la pereza es, más que un vicio, una religión, se comprende difícilmente esas monumentales obras de los químicos, naturalistas y médicos alemanes en las cuales sólo el tiempo necesario para la ejecución de los dibujos y la consulta bibliográfica parecen deber contarse por lustros. Y, sin embargo, estos libros se han redactado en uno o dos años, pacíficamente, sin febriles apresuramientos. El secreto está en el método de trabajo; en aprovechar para la labor todo el tiempo hábil; en no entregarse al diario descanso sin haber consagrado dos o tres horas por lo menos a la tarea; en poner dique prudente a esa dispersión intelectual y a ese derroche de tiempo exigido por el trato social; en restañar, en fin, en lo posible, la cháchara ingeniosa del café o de la tertulia, despilfarradora de fuerzas nerviosas (cuando no causa disgusto), y que nos aleja, con pueriles vanidades y fútiles preocupaciones, de la tarea principal.

Si nuestras ocupaciones no nos permiten consagrar al tema más que dos horas, no abandonemos el trabajo a pretexto de que necesitaríamos cuatro o seis. Como dice juiciosamente Payot, «poco basta cada día si cada día logramos ese poco».

Lo malo de ciertas distracciones, demasiado dominantes, no consiste tanto en el tiempo que nos roban, cuanto en la flojera de la tensión creadora del espíritu y en la pérdida de esa especie de tonalidad que nuestras células nerviosas adquieren cuando las hemos adaptado a determinado asunto.

No pretendemos proscribir en absoluto las disfracciones; pero las del investigador serán siempre ligeras y tales que no estorben en nada las nuevas asociaciones ideales. El paseo al aire libre, la contemplación de las obras artísticas o de las fotografías de escenas, de países y de monumentos, el encanto de la música y sobre todo la compañía de una persona que, penetrada de nuestra situación, evite cuidadosamente toda conversación grave y reflexiva, constituyen los mejores esparcimientos del hombre de laboratorio. Bajo este aspecto será bueno también seguir la regla de Buffon, cuyo abandono en la conversación (que chocaba a muchos admiradores de la nobleza y elevación de su estilo como escritor) lo justificaba diciendo: «Éstos son mis momentos de descanso».

En resumen, toda obra grande es el fruto de la paciencia y de la perseverancia, combinadas con una atención orientada tenazmente durante meses y aun años hacia un objeto particular. Así lo han confesado sabios ilustres al ser interrogados tocante al secreto de sus creaciones.

Newton declaraba que sólo pensando siempre en la misma cosa había llegado a la soberana ley de la atracción universal; de Darwin refiere uno de sus hijos que llegó a tal concentración en el estudio de los hechos biológicos relacionados con el gran principio de la evolución, que se privó durante muchos años y de modo sistemático de toda lectura y meditación extrañas al blanco de sus pensamientos; en fin, Buffon no vacilaba en decir que «el genio no es sino la paciencia extremada». Suya es también esta respuesta a los que le preguntaban cómo había conquistado la gloria: «Pasando cuarenta años de mi vida inclinado sobre mi escritorio». En fin, nadie ignora que Mayer, el genial descubridor del principio de la conservación y transformación de la energía, consagró a esta concepción toda su vida.

Siendo, pues, cierto de toda certidumbre que las empresas científicas exigen, más que vigor intelectual, disciplina severa de la voluntad y perenne subordinación de todas las fuerzas mentales a un objeto de estudio, ¡cuán grande es el daño causado inconscientemente por los biógrafos de sabios ilustres al achacar las grandes conquistas científicas al genio antes que al trabajo y la paciencia! ¡Qué más desea la flaca voluntad del estudioso o del profesor que poder cohonestar su pereza con la modesta cuanto desconsoladora confesión de mediocridad intelectual! De la funesta manía de exaltar sin medida la minerva de los grandes investigadores sin parar mientes en el desaliento causado en el lector, no están exentos ni aun biógrafos de tan buen sentido como L. Figuier. En cambio, muchas autobiografías, en las que el sabio se presenta al lector de cuerpo entero, con sus debilidades y pasiones, con sus caídas y aciertos, constituyen excelente tónico moral. Tras estas lecturas, henchido el ánimo de esperanza, no es raro que el lector exclame: *Anche io sono pittore*.

c) Pasión por la gloria

La psicología del investigador se aparta un tanto de la del común de los *intelectuales*. Sin duda, le alientan las aspiraciones y le mueven los mismos resortes que a los demás hombres; pero en el sabio existen dos que obran con desusado vigor: el culto a la verdad y la pasión por la gloria. El predominio de estas dos pasiones explica la vida entera del investigador; y del contraste entre el ideal que éste se forma de la existencia y el que se forja el vulgo resultan esas luchas, desvíos e incomprensiones que en todo tiempo han marcado las relaciones del sabio con el ambiente social.

Se ha dicho muchas veces que el hombre de ciencia, como los grandes reformadores religiosos o sociales, ofrece los caracteres mentales del inadaptado. Mora en un plano superior de humanidad, desinteresado de las pequeñeces y miserias de la vida material.

Con todo eso, el sabio sincero y de vocación permanece profundamente humano. En el amor a sus semejantes excede a los mejores. Irradiando en el tiempo y en el espacio, esta pasión comprende a propios y extraños, y se dirige lo mismo a la humanidad actual que a la futura. Gracias a esos singulares talentos, cuya mirada penetra en las sombras del porvenir, y cuya exquisita sensibilidad les fuerza a condolerse de los errores y estancamiento de la rutina, es posible la evolución social y científica. Sólo al genio le es dado oponerse a la corriente y modificar el medio moral; y bajo este aspecto es lícito afirmar que su misión no es la adaptación de sus ideas a las de la sociedad, sino la adaptación de la sociedad a sus ideas. Y como tenga razón (y la suele tener) y proceda con prudente energía y sin desmayos, tarde o temprano la Humanidad le sigue, le aplaude y le aureola de gloria. Confiado en este halagador tributo de veneración y de justicia, trabaja todo investigador, porque sabe que si los individuos son capaces de ingratitud, pocas veces lo son las colectividades, como alcancen plena conciencia de la realidad y utilidad de una idea.

Es vulgarísima verdad que, en grado variable, el afán de aprobación y aplauso mueve a todos los hombres, y preferentemente a los dotados de gran corazón y peregrino entendimiento. Empero, cada cual busca la gloria por distinto camino; uno marcha por el de las armas, tan celebrado por Cervantes en su *Quijote,* y aspira a acrecentar la grandeza política de su país; otros van por el del arte, ansiando el fácil aplauso de las muchedumbres, que comprenden mucho mejor la belleza que la verdad, y unos pocos solamente en cada país, y singularmente en los más civilizados, siguen el de la investigación científica, el solo derrotero que puede conducirnos a una explicación racional y positiva del hombre y de la naturaleza que le rodea. Tengo para mí que esta aspiración es una de las más dignas y loables que el hombre puede perseguir, porque acaso más que ninguna otra se halla impregnada con el perfume del amor y de la caridad universales.

Se ha expuesto muchas veces el contraste existente entre la figura moral del sabio y la del héroe. Puesto que vivimos en un país que ha sacrificado demasiado en el altar a sus héroes (guerreros, políticos o religiosos), y desamparado cuando no perseguido a sus pensadores más originales, séame permitido exagerar aquí el encomio en contrapuesto sentido.

Ambos, el héroe y el sabio, constituyen los polos de la energía humana, y son igualmente necesarios al progreso y bienestar de los pueblos; pero la trascendencia de sus obras es harto diversa. Lucha el sabio en beneficio de la Humanidad entera, ya para aumentar y dignificar la vida, ya para ahorrar el esfuerzo humano, ora para acallar el dolor, ora para retardar y dulcificar la muerte. Por el contrario, el héroe sacrifica a su prestigio una parte más o menos considerable de la Humanidad; su estatua se alza siempre sobre un pedestal de ruinas y cadáveres; su triunfo es exclusivamente celebrado por una tribu, por un partido o por una nación, y deja tras sí, en el pueblo vencido, estela de odios y de sangrientas reivindicaciones. En cambio, la corona del sabio otórgala la Humanidad entera, su estatua tiene por pedestal el amor, y sus triunfos desafían a los ultrajes del tiempo y a los juicios de la Historia: sus únicas víctimas (si pueden llamarse tales los redimidos de la ignorancia) son los rezagados, los atávicos, los que medraron con la mentira o el error, todos, en fin, los que en una sociedad bien organizada debieran ser proscritos como enemigos declarados de la felicidad de los buenos.

No faltan, afortunadamente, en nuestra patria altos ingenios que cifran su dicha en conquistar el aplauso de la opinión, mas, por desgracia y salvadas contadas y honrosas excepciones, nuestros talentos prefieren ganar el lauro siguiendo la senda del arte o de la literatura. Empeño en que fracasan o se esterilizan la inmensa mayoría de ellos, pues exceptuando unos cuantos genios artísticos y literarios muy elevados, cuya obra es apreciada y aplaudida en el extranjero, ¡cuán pocos de nuestros pintores y poetas serán consagrados por la posteridad! ¡Cuántos que luchan en vano por crearse una reputación mundial como literatos u oradores podrían alcanzarla, sin tantos esfuerzos quizá, como investigadores de ciencia! ¡Qué difícil la originalidad en un terreno en que casi todo está apurado por los antiguos, los cuales, dotados de maravillosa intuición para la belleza literaria y la forma plástica, apenas dejaron nada que espigar en el campo del arte!

Después de leer las oraciones de Demóstenes y de Cicerón, los diálogos de Platón, las vidas paralelas de Plutarco y las arengas de Tito Livio, se adquiere la convicción de que ningún orador moderno ha podido inventar un resorte absolutamente nuevo para persuadir al entendimiento o mover al corazón humano. El papel de orador actual es aplicar a casos determinados, y más o menos nuevos, los innumerables tópicos de forma y argumentación imaginados por los autores clásicos.

¿Y qué diremos de los que buscan en la poesía o en la prosa artística el prestigio de la originalidad? Después de Homero y de Virgilio, de Horacio y de Séneca, de Shakespeare y de Miltón, de Cervantes y Ariosto, de Goethe y de Heine, de Lamartine y Víctor Hugo, de Chateaubriand y Rousseau, etc., ¿quién es el osado que pretende inventar una figura poética, un matiz de expresión sentimental, un primor de estilo que hayan desconocido aquellos incomparables ingenios?

No pretendemos, empero, negar en absoluto la posibilidad de creaciones artísticas, comparables y acaso superiores a las legadas por los clásicos.

Los grandiosos monumentos elevados por los polígrafos del Renacimiento, y las sublimes creaciones de la escuela romántica durante el pasado siglo, están ahí para atestiguar que la vena de la originalidad literaria dista todavía de estar exhausta. Afirmamos solamente que las composiciones literarias de sobresaliente mérito son dificilísimas y cuestan más desvelos y trabajos que las producciones científicas originales. Y la razón es obvia; el arte, atenido al concepto vulgar del Universo y nutriéndose en el limitado terreno del sentimiento, ha tenido tiempo de agotar casi todo el contenido emocional del alma humana, las bellezas del mundo exterior y las ingeniosas combinaciones de la imaginación verbal, mientras que la Ciencia, apenas desflorada por los antiguos y totalmente ajena a los vaivenes de la moda como a las volubles normas del gusto, acumula por cada día nuevos materiales y nos brinda labor inacabable. Ante el científico está el Universo entero apenas explorado; el cielo salpicado de soles que se agitan en las tinieblas de un espacio infinito; el mar, con sus misteriosos abismos; la tierra guardando en sus entrañas el pasado de la vida, y la historia de los precursores del hombre, y, en fin, el organismo humano, obra maestra de la creación, ofreciéndonos en cada célula una incógnita y en cada latido un tema de profunda meditación.

Llevado por mi entusiasmo, acaso caiga en la hipérbole; pero estoy persuadido de que la verdadera originalidad se halla en la Ciencia, y que el afortunado descubridor de un hecho importante es el único que puede lisonjearse de haber hollado un terreno completamente virgen, y de haber forjado un pensamiento que no pasó jamás por la mente humana. Añadamos que su conquista ideal no está sujeta a las fluctuaciones de la opinión, al silencio de la envidia ni a los caprichos de la moda, que lo repudia por detestable lo que ayer ensalzó por sublime. Al afortunado escrutador de la Naturaleza es sobre todo aplicable el pensamiento de James, para quien el ideal del hombre consiste en llegar a ser un colaborador de Dios.

Ciertamente la gloria del científico no es tan popular ni ruidosa como la del artista o del dramaturgo. Vive el pueblo en el plano del sentimiento, y pedirle calor y apoyo para los héroes de la razón fuera vana exigencia. Pero el sabio tiene también su público. Está formado por la aristocracia del talento y habita en todos los países, habla todas las lenguas y se dilata hasta las más lejanas generaciones del porvenir. Claro que los admiradores del hombre de ciencia no palmotean ni se descomponen con transportes de pasión; pero estudian con amor, juzgan con mesura y acaban por hacer, pese a los ataques pasajeros de la envidia, plena e irrevocable justicia. En punto a reputación, la ventura suprema fuera merecer la aprobación de esos raros espíritus superiores que la Humanidad produce de vez en cuando. Por lo cual compréndese bien la noble altivez con que el matemático y filósofo Fontenelle decía a cierto personaje después de preguntarle su tratado de la *Geómetrie de l´infinit:* «He aquí una obra que sólo podrán leer en Francia cuatro o seis personas». Sentidas y nobles son también aquellas conocidas expresiones con que Keplero, radiante de júbilo y palpitante de emoción por el descubrimiento de la última de sus memorables leyes, terminaba su obra *Harmonices mundi* diciendo: «Echada está la suerte; y con esto pongo fin a mi libro, importándome poco que sea leído por la edad presente o por la posteridad. No le faltará lector algún día. Pues qué, ¿no ha tenido Dios que esperar seis mil años para hallar en mí un contemplador e intérprete de sus obras?».

d) PATRIOTISMO

Entre los sentimientos que deben animar al hombre de ciencia merece particular mención el patriotismo. Este sentimiento tiene en el sabio signo exclusivamente positivo, ansía elevar el prestigio de su patria, pero sin denigrar a las demás.

Se ha dicho que la Ciencia no tiene patria, y esto es exacto, mas, como contestaba Pasteur en ocasión solemne, «los sabios sí que la tienen». El conquistador de la Naturaleza no solamente pertenece a la Humanidad, sino a una raza que se envanece con sus talentos, a una nación que se honra con sus triunfos y a una región que le considera como el fruto selecto de su terruño.

Representando la Ciencia y la Filosofía las categorías más elevadas de la actividad mental y los dinamómetros de la energía espiritual de los hombres, compréndese bien el noble orgullo con que las naciones civilizadas ostentan sus filósofos, sus matemáticos, sus físicos y naturalistas, sus inventores, todos cuantos, en fin, supieron enaltecer el nombre sagrado de la patria.

Fuerza es confesar que los españoles tenemos mayor necesidad de cultivar dicha pasión a causa del desdén con que, por motivos que no hacen ahora al caso, hemos mirado durante muchos siglos cuanto se refiere a la investigación científica y a sus fecundas aplicaciones a la vida. Obligación inexcusable de cuantos conservamos todavía sensible la fibra del patriotismo, más de una vez lastimada por los dardos de la malquerencia extranjera, es volver por el prestigio de la raza, probando a los extraños que quienes siglos atrás supieron inmortalizar sus nombres, rivalizando con las naciones próceres tanto en las hazañas de la guerra y en los peligros de exploraciones y descubrimientos geográficos como en las pacíficas empresas del Arte, de la Literatura y de la Historia, sabrán también contender con igual tesón y energía en la investigación de la Naturaleza, colaborando, al compás de los pueblos más ilustrados, en la obra magna de la civilización y del progreso.

Algunos pensadores, Tolstoi entre otros, inspirados en un sentimiento humanitario tan reñido con la realidad como inoportuno en estos tiempos de crueles competencias internacionales, declaran que el patriotismo es sentimiento egoísta, inspirador de guerras incesantes, y destinado a desaparecer, para ceder su lugar al más noble y altruista de la fraternidad universal.

Fuerza es reconocer que la pasión patriótica, exagerada hasta el *chauvinismo,* crea y sostiene entre las naciones rivalidades y odios harto peligrosos; pero reducida a prudentes límites y atemperada por la justicia y el respeto debidos a la ciencia y virtud del extranjero, promueve una emulación internacional de bonísima ley, en la cual gana también la causa del progreso, y en definitiva hasta de la Humanidad. Bajo este aspecto, son eficacísimos los Congresos científicos internacionales. Porque muchos sabios que en un principio se miraban recelosamente, ya por rivalidad internacional, ya en virtud de la noble y loable envidia aprobada por Cervantes, al ponerse en contacto acaban por conocerse y estimarse cordialmente, y las corrientes de simpatía y de justicia nacidas en las alturas no tardan en filtrarse hasta lo íntimo de la masa social, suavizando progresivamente las relaciones políticas entre los pueblos rivales [1].

De todos modos, cualesquiera que sean los progresos del cosmopolitismo, el sentimiento de patria conservará siempre su poder dinamógeno y continuará siendo el gran

---

[1] Este ingenuo optimismo ha sufrido actualmente, con la horrenda guerra internacional iniciada en 1914, franco y rotundo mentís. Todo hacía creer, cuando esto se escribía, que la era de las grandes contiendas europeas había pasado. Ferrocarriles, telégrafos, periódicos, congresos, conferencias internacionales, difusión de idiomas, etc., parecían órganos destinados a realizar, tarde o temprano, la generosa aspiración de solidarizar y aproximar cordialmente a las naciones europeas.

Espectáculo consolador era contemplar cómo por encima de las fronteras se apretaban efusivamente las manos filósofos, sabios y obreros. Por desgracia, gobiernos militares y logreros insaciables actuaban en sentido contrario, y ahogaban de continuo, mereced a inoculación intensa iniciada desde la escuela, la semilla del amor con el veneno del odio. Al siglo XXI tocará comenzar nuevamente la obra, acaso quimérica, de la reconciliación definitiva de los Estados de Europa, y de someter definitivamente al derecho atávicas codicias y desapoderadas ambiciones territoriales.

(Esta nota se escribió en 1916. Hoy, firmada la paz, arruinada Europa, visto el fracaso de la candorosa concepción wilsoniana de la *Sociedad de las Naciones,* enconado el odio de los pueblos vencidos, que sueñan ya con próximo desquite, miramos con amargo escepticismo todo intento jurídico de paz perpetua. ¡Triste es reconocerlo!, pero todo pueblo, modelado en monarquía o en república, se hace ferozmente imperialista en cuanto puede serlo. ¡Ay de los débiles o de los antipatriotas!)

excitador de las competencias científicas e industriales. Emerge de raíz psicológica harto profunda para que los embates del socialismo internacional y la lucubraciones del humanismo filosófico puedan extinguirlo. Pasiones de este género no se discuten, se aprovechan, porque constituyen inapreciables depósitos de energía viril y de sublimes heroísmos. Misión de los Gobiernos e instituciones docentes es canalizar, domar esta admirable fuerza, aplicándola a provechosas y redentoras empresas y desviándola de las algaradas y alborotos del separatismo fratricida.

Muy atinadamente nota P. J. Thomas, en su *Educación de los sentimientos,* «que la idea de patria, como la idea de familia, es necesaria, como lo son igualmente los sentimientos en ellas implicados. Obran como estimulantes del progreso y garantizan nuestra propia dignidad. Se lucha por la gloria de la patria, como se lucha por el honor de su nombre... La nación, se ha dicho, es un elemento indestructible de la armonía de los mundos, con igual título que la provincia, la familia y el individuo... El género humano debe permanecer diversificado para mantenerse fuerte y desenvolver una actividad sin cesar renaciente».

Aun en la improbable hipótesis de los Estados Unidos de Europa, o del mundo, el hombre amará siempre con predilección el *medio material y moral próximo,* es decir, su campanario, su región y su raza, y consagrará solamente un tibio afecto rayano en la indiferencia, al *medio lejano*. Se ha dicho repetidas veces que la adhesión y el cariño del hombre a las cosas del mundo es inversamente proporcional a la distancia de éstas en el espacio y en el tiempo. Y decimos *tiempo,* porque la patria no es solamente el hogar y el terruño, es también el pasado y el porvenir, es decir, nuestros antepasados remotos y nuestros descendientes lejanos.

Con razón ha dicho Bayle: «No son las opiniones generales del espíritu las que nos determinan a obrar, sino las pasiones presentes en el corazón». Y entre ellas ninguna tiene en sus anales hazañas más gloriosas que el amor a la patria. Poco importa saber si tales sentimientos son justos o injustos, si reproducen o no la fase primitiva y bárbara de la humanidad. Son tónicos morales que deben juzgarse solamente por sus efectos, *pragmáticamente,* como ahora se dice.

e) Gusto por la originalidad científica

Excelentes son los estímulos del patriotismo y el noble afán de celebridad para mover a la ejecución de grandes empresas. Con todo eso, nuestro principiante correría el riesgo de fracasar si no posee además afición decidida hacia la originalidad, gusto por la investigación y el deseo de sentir las fruiciones incomparables que lleva consigo el acto mismo de descubrir.

El elogio de la acción en función de escrutar misterios o de inquirir hechos nuevos, se ha hecho muchas veces. Acerca de esto, Eucken, entre otros, ha escrito páginas admirables. Agudamente hace notar «que la acción nos *personaliza,* llevando al sumo la individuación, apórtanos la grata ilusión de ser reyes creadores y nos proporciona, con la conciencia de una libertad sin trabas, el goce de un poder ilimitado».

Aparte la hipertrofia del sentimiento de la propia estima y la aprobación de nuestra conciencia, la conquista de la nueva verdad constituye, sin disputa, la ventura más grande a que puede aspirar el hombre. Los halagos de la vanidad, las efusiones del instinto, las caricias de la fortuna, palidecen ante el soberano placer de sentir cómo brotan y crecen las alas del espíritu y cómo, al compás del esfuerzo, superamos la dificultad y dominamos y rendimos a la esquiva naturaleza.

Fortalecido con ese sentimiento hedonista, el hombre de ciencia desafía hasta la injusticia. En su ánimo no harán mella el silencio deliberado de sus émulos —que muchas veces, como dice Goethe, afectan ignorar lo que desean permanezca ignorado— ni la incomprensión del medio moral, ni el olvido de las instituciones oficiales. Las consideraciones que el mundo rinde al poder, a la nobleza o al dinero, no son primordial objeto de sus aspiraciones, porque siente en sí mismo una nobleza superior a todas las caprichosamente otorgadas por la ciega fortuna o por el buen humor de los príncipes. Esta nobleza, de la que se envanece con tanto mayor motivo cuanto que es su propia obra, consiste en ser ministro del progreso, sacerdote de la verdad y confidente del Creador. Él acierta exclusivamente a comprender algo de ese lenguaje misterioso que Dios ha escrito en la Naturaleza, y a él solamente le ha sido dado desentrañar la maravillosa obra de la Creación para rendir a lo Absoluto el culto más grato y acepto, el de estudiar sus portentosas obras, para en ellas y por ellas conocerle, admirarle y reverenciarle. Aun descendiendo a las miserias del egoísmo humano, todos podemos comprobar que sólo nos estiman y respetan quienes nos leen y tratan de comprendernos.

Según decíamos antes, la emoción placentera asociada al acto de descubrir es tan grande, que se comprende perfectamente aquella sublime locura de Arquímedes, de quien cuentan los historiadores que, fuera de sí por la resolución de un problema profundamente meditado, salió casi desnudo de su casa lanzando el famoso *Eureka:* «¡Lo he encontrado!».

¡Quién no recuerda la alegría y la emoción de Newton al ver confirmada por el cálculo, y en presencia de los nuevos datos aportados por Picard con la medición de un meridiano terrestre, su intuición genial de la atracción universal! Todo investigador, por modesto que sea, habrá sentido alguna vez algo de aquella sobrehumana satisfacción que debió experimentar Colón al oír el grito de ¡Tierra! ¡Tierra! lanzado por Rodrigo de Triana.

Este placer inefable, al lado del cual todos los demás deleites de la vida se reducen a pálidas sensaciones, indemniza sobradamente al investigador de la penosa y perseverante labor analítica, precursora, como el dolor al parto, de la aparición de la nueva verdad. Tan exacto es que para el sabio no hay nada comparable al hecho descubierto por él, que no se hallará acaso un investigador capaz de cambiar la paternidad de una conquista científica por todo el oro de la tierra. Y sí existe alguno que busca en la Ciencia, en vez del aplauso de los doctos y de la íntima satisfacción asociada a la función misma del descubrir, un medio de granjear oro, este tal ha errado la vocación: al ejercicio de la industria o del comercio debió por junto dedicarse [2].

Es que, por encima de todos los estímulos de la variedad y del interés, está el goce supremo de la inteligencia al contemplar las inefables armonías del mundo y tomar posesión de la verdad, hermosa y virginal cual flor que abre su cáliz a las caricias del sol matinal. Como dice Poincaré en su hermoso libro *La science et la méthode:* «La belleza intelectual se basta a sí misma, y sólo por ella, más bien que por el futuro bien de la humanidad, el sabio se condena a largos y penosos trabajos».

---

[2] Tal estado de cosas ha variado algo en la actualidad. El tipo de inventor que trabaja por afán de lucro abunda mucho hoy en Alemania y, en general, en las naciones más adelantadas. La lucha por la patente y la fiebre de la competencia industrial han turbado la calma augusta del templo de Minerva. ¿Es un mal o un bien?

CAPÍTULO IV

Lo que debe saber el aficionado a la investigación biológica

a) Cultura general

Ocioso sería insistir en la necesidad que tiene nuestro aficionado de conocer a fondo la ciencia objeto de sus futuras exploraciones, no sólo por las descripciones de libros y monografías, sino por el estudio de la misma naturaleza. Pero no es menos urgente saber, siquiera de modo general, todas aquellas ramas científicas que directa o indirectamente se enlazan con la preferida, y en las cuales se hallan, ora los principios directores, ora los medios de acción. Por ejemplo: el biólogo no se limitará a conocer la Anatomía y Fisiología, sino que abarcará también lo fundamental de la Psicología, la Física y la Química.

La razón de esta cultura accesoria es obvia, casi siempre el descubrimiento de un hecho, o la significación de un fenómeno biológico, viene a representar mera consecuencia de la aplicación de principios pertenecientes a la Física o la Química. Descubrir, como ha dicho Laplace, es aproximar dos ideas que se hallaban separadas. E importa observar que las más de las veces esta aproximación fecunda tiene lugar entre un hecho perteneciente a una ciencia compleja (Biología, Sociología, Química, etc.) y un principio entresacado de una ciencia simple. En otros términos: las ciencias generales o abstractas, según las clasificaciones de Comte y de Bain, explican a menudo los fenómenos de las ciencias complicadas y concretas. Por donde se cae en la cuenta de que una seriación jerárquica bien entendida de los conocimientos humanos representa un verdadero árbol genealógico. La Lógica y las Matemáticas asisten y esclarecen la Física, la Biología, la Sociología y sus diferentes ramificaciones.

Descubrir consiste, a menudo, en hacer entrar el hecho en una ley: en encerrarlo en un marco ideológico más amplio, en clasificarlo, en fin; por eso ha podido afirmarse que descubrir es dar nombre concreto a una cosa ilegítima o provisoriamente bautizada. De donde se sigue que, cuando la ciencia llegue a la suma perfección, cada fenómeno recibirá el nombre que le corresponda, establecidas al fin sus profundas relaciones con las verdades generales. Bajo este aspecto resulta muy expresiva la conocida frase de Mach: «una palabra bien elegida puede economizar cantidad enorme de pensamientos». Porque *nombrar* es clasificar, es establecer filiaciones ideales, relaciones de analogía entre fenómenos poco conocidos y una noción o principio general, donde se hallan latentes, como el árbol en su germen.

Los estudios filosóficos constituyen, sobre todo, buena preparación y excelente gimnasia para el hombre de laboratorio. No deja, ciertamente, de llamar la atención el que muchos ilustres investigadores hayan llegado a la ciencia desde el campo de la filosofía. Ocioso es advertir que el investigador se preocupará menos de la doctrina o del credo filosófico —credo que varía desgraciadamente cada quince o veinte años— que de los criterios de verdad y del aparato crítico, con cuyo ejercicio adquirirá flexibilidad y sagacidad y aprenderá a desconfiar de la aparente certidumbre de los más subyugadores sistemas científicos, enfrenando convenientemente el vuelo de la propia imaginación. Su divisa será siempre la frase de Cicerón: *Dubitando ad veritatem pervenimus*.

Por lo que hace a la anatomía microscópica de los animales y plantas, la mayoría de los hechos que forman la materia de esta ciencia son resultados de conflictos entre las propiedades químicas de ciertos reactivos y la constitución estructural de las células y tejidos. En bacteriología, en neurología, etc., casi todo cuanto sabemos lo debemos a la feliz aplicación de materias colorantes creadas por la Química moderna. Lo mismo ocurre en biología general. Recuérdense los interesantes estudios de Loeb sobre la partenogénesis artificial y los de Harrison, Carrel, Lambert y otros acerca de los cultivos artificiales de las células de los tejidos animales. Tan sorprendentes experimentos son pura consecuencia de las variaciones químicas o físicas provocadas en el ambiente celular.

Esta íntima solidaridad de las ciencias ha sido sentida por muchos, y singularmente por Letamendi, quien al hablar de las especialidades científicas, las definía: «la aplicación de toda Ciencia a una rama particular del saber».

Para un entendimiento superior que conociera todas las razones misteriosas que enlazan los fenómenos del Universo, en vez de ciencias, habría *una sola Ciencia*. Ante un ser semejante las fronteras que parecen separar nuestros conocimientos, el andamiaje formal de nuestras clasificaciones, el desmenuzamiento artificial de las cosas tan grato a nuestro intelecto, que sólo puede considerar la realidad sucesivamente y como por facetas, desaparecerían por completo. A sus ojos la Ciencia total parecería a modo de árbol gigantesco, cuyas ramas estuvieran representadas por las ciencias particulares, y el tronco por el principio o principios sobre que se fundan. El especialista trabaja como una larva, asentado sobre una hoja y forjándose la ilusión de que su pequeño mundo se mece aislado en el espacio; el científico general, dotado de sentido filosófico, entrevé el tallo común a muchas ramas. Pero sólo el gesto del saber a que antes aludíamos, gozaría de la dicha y del poder de contemplar el árbol entero, esto es, la Ciencia, múltiple e infinita en sus formas, una en sus principios.

b) Necesidad de especializarse

Conviene, empero, no exagerar la regla precedente, cayendo en el escollo de la enciclopedia, adonde van a parar todos los entendimientos dispersivos, inquietos, indisciplinados, e incapaces de fijar mucho tiempo la atención en una sola idea. Las *aficiones rotatorias,* como las llamaba un médico-escritor originalísimo, pueden formar grandes literatos, conservadores deliciosos, oradores insignes, rara vez descubridores científicos.

El proverbio tan conocido «el saber no ocupa lugar» es error de a folio, que, afortunadamente, no tiene graves consecuencias prácticas, pues aun los que creen en él están obligados a confesar que el aprender muchas cosas, cuando no espacio, ocupa tiempo. Sólo un juicio demasiado lisonjero acerca de nuestros talentos puede explicar la manía enciclopédica, pues pretensión quimérica constituye el intento de dominar varias ciencias, cuando vemos a hombres de verdadero genio e infatigable laboriosidad resignarse, a fin de poder cosechar algunas verdades, al conocimiento profundo de una rama del saber, y a menudo, al de un tema concreto de una ciencia determinada.

No nos hagamos, pues, ilusiones: si la vida de un hombre basta para saber algo de todas las disciplinas humanas, apenas es suficiente para dominar hasta el detalle una o dos de ellas.

Los enciclopedistas modernos, como Herbert Spencer, Mach, Wund, etc., son en realidad especialistas de la filosofía, de las ciencias y de las artes, conforme lo fueron en su tiempo Leibniz y Descartes, bien que estos sabios, por la natural limitación de los conocimientos de su época, pudieron abarcar un dominio bastante más extenso, y realizar descubrimientos en dos o tres ciencias.

Pasaron ya, quizá para no volver más, los investigadores polilaterales: a la hora presente hay que reconocer que en Física como en Matemáticas, en Química como en Biología, los descubrimientos corren a cargo de sabios especialistas, pero, entiéndase bien, ni de particularistas *monolaterizados,* incrustados en un detalle, sino de trabajadores que, sin perder de vista su dominio especial, siguen atentamente los progresos más culminantes de las ciencias afines. Semejante división del trabajo, además de buena táctica, constituyen ineluctable necesidad. A ella nos obligan el tiempo extraordinario exigido por el ensayo y dominio de los métodos diariamente descubiertos, el creciente caudal de la producción bibliográfica, y el considerable número de sabios que simultáneamente trabajan sobre cada tema de estudio.

Para terminar con la vulgar filosofía condensada en la reputada máxima *quien mucho abarca poco aprieta,* en contraposición del no menos acreditado refrán *el saber no ocupa lugar,* séanos lícito hacer una comparación vulgar. El entendimiento inquisitivo es como un arma de combate. Si en ella se labra un solo filo, tendremos una espada tajante. Si dos, el arma podrá cortar todavía, aunque menos eficientemente, pero si le sacamos tres o cuatro, la acuidad de los filos irá disminuyendo hasta convertirse en inofensivo cuadradillo. Una bayoneta podría, en rigor, cortar todavía, mas para ello fuera preciso formidable energía motriz, mientras que una daga bien afilada resulta temible aun en las manos de un niño.

Como el acero informe, nuestro intelecto representa una espada en potencia. Merced a la forja y lima del estudio, transfórmase en el templado y agudo escalpelo de la Ciencia. Labremos el filo por sólo un lado, o por dos a lo más, si queremos conservar su eficacia analítica y herir a fondo el corazón de las cuestiones; y dejemos a los bobalicones del enciclopedismo que transformen su entendimiento e inofensivo cuadradillo.

c) Lectura especial o técnica

Inútil es advertir que en la biblioteca del investigador deben figurar cuantos libros y revistas importantes concernientes a la especialidad vean la luz en las naciones más adelantadas. Las revistas alemanas serán consultadas a cada momento, pues por lo que toca a la Biología, es forzoso reconocer que Alemania sola produce más hechos nuevos que todas las naciones juntas [1].

Quien deseó los fines quiere los medios; y, pues, en la época actual, el conocimiento de la lengua germánica es imprescindible para ponerse al corriente de la última hora científica, estudiemos aquélla seriamente, siquiera para llegar a la traducción, desembarazándonos de ese supersticioso terror que a los españoles nos inspiran los enrevesados términos y giros de los idiomas del Norte. Tan preciso es el conocimiento del alemán, que no se hallará quizá un solo investigador italiano, inglés, francés, ruso o sueco, que

---

[1] Actualmente, en virtud de una emulación creciente, los focos de producción biológica se multiplican por doquier. Italia, Francia, Inglaterra y singularmente los Estados Unidos compiten y en muchos puntos sobrepujan a la hace algunos lustros insuperable labor de las Universidades alemanas.

no sea capaz de leer corrientemente las monografías tudescas. Y como los trabajos de los alemanes ven la luz en un país que puede actualmente considerarse como el foco de la producción científica, tales escritos tienen para nosotros la inestimable ventaja de contener extensas y puntuales noticias históricas y bibliográficas [2]. Después del alemán siguen en orden de importancia el inglés y el francés. Y nada diremos del italiano, porque no hay español medianamente culto que no sea capaz de traducirlo, aun sin la ayuda del diccionario. Ni es lícito ignorar que en algunas disciplinas científicas Italia marcha a la cabeza del progreso.

A la hora presente se publican trabajos científicos en más de seis idiomas. Al intento plausible de restaurar el latín, o de utilizar el *esperanto* como lengua científica universal, han respondido los sabios multiplicando todavía el número de idiomas en que aparecen redactados los trabajos científicos. Preciso es reconocer que prácticamente el *volapück* o el *esperanto* representan una lengua más [3] que

---

[2] Aunque, merced a plausibles iniciativas, figura la lengua alemana en nuestro cuadro de asignaturas del Instituto, por desgracia, el fruto obtenido hasta hoy por nuestros escolares ha sido casi nulo, tanto por la influencia del tiempo destinado a tal estudio, cuanto por el vicioso método de enseñanza. Cuando falta el tiempo indispensable para dominar una lengua difícil, lógico sería no empeñarse en enseñar *todo el alemán,* sino el *alemán científico,* es decir, la suma relativamente escasa de reglas gramaticales y el caudal no muy cuantioso de voces necesario para traducir las monografías científicas. Lograr esto es obra de seis u ocho meses de labor asidua. Al aficionado a los trabajos biológicos le aconsejamos que se suscriba desde luego a una revista alemana de su especialidad, por ejemplo a un *Centralblatt* cualquiera. La lectura, al principio muy trabajosa, de las monografías científicas, le resultará cada día más accesible. El placer de obtener desde el principio algún fruto de sus afanes, aumentará progresivamente su afición al trabajo.

[3] Si los celos internacionales lo consintieran, fuera mucho más sencillo y práctico convenir en el empleo de una lengua viva, el *francés,* por ejemplo, como idioma científico. A los entusiastas del *esperanto* cabría preguntarles: Cuando viajéis por Francia, ¿os resignaréis a no hablar francés?

(Conforme era de presumir, hoy —1920— el flamante *volapück* ha sido definitivamente olvidado. Presagiamos que le ocurrirá lo mismo al *esperanto.)*

aprender. Tal resultado era de prever, porque no consienten otra cosa ni las tendencias esencialmente popularizadoras y democráticas del saber moderno, ni las miras económicas de autores y editores, cuyos intereses morales y materiales les impulsan a difundir en el gran público aquellas conquistas científicas que antaño fueron patrimonio exclusivo de las Academias o de ciertas sumidades de la cátedra.

No se crea, empero, que el investigador debe hablar y escribir todas las lenguas de Europa: al español le bastará traducir las cuatro siguientes, que se ha convenido en llamar *lenguas sabias,* y en las cuales aparece publicados casi todos los trabajos científicos: el francés, el inglés, el italiano y el alemán. Naturalmente, entre las lenguas sabias no figura el español, no queda, por tanto, a nuestros maestros más recurso, si desean que sus pesquisas sean conocidas y apreciadas por los especialistas, que escribir y hablar en uno de aquellos cuatro idiomas europeos [4].

---

4 Cuando los españoles asisten a un congreso científico, deploran que nuestra lengua tenga que eclipsarse ante el alemán, francés o inglés. Estos patriotas inoportunos harían bien, antes de formular sus quejas y provocar la sonrisa de los labios, en meditar estos tres irrebatibles asertos: 1.º Nuestra producción científica es, cualitativa y cuantitativamente, muy inferior a la de las cuatro naciones que gozan del privilegio de usar su lengua en los congresos. 2.º A consecuencia de esto, el castellano es desconocido de la inmensa mayoría de los sabios. Si inspirándonos en un patriotismo quijotesco nos empeñáramos en usarlo en los congresos internacionales, provocaríamos la deserción en masa de nuestros oyentes. 3.º En fin, naciones como Suecia, Holanda, Dinamarca, Hungría, Rusia y Japón, cuya producción científica supera con mucho a la española, jamás tuvieron la inmodestia de imponer en dichos certámenes su lengua respectiva; sus sabios son harto avisados para desconocer que, siendo ya excesiva la tarea de dominar las cuatro lenguas citadas, resultaría tortura insoportable aprender una o dos más.

d) CÓMO SE DEBEN ESTUDIAR LAS MONOGRAFÍAS

Al leer las monografías de la especialidad que se desee cultivar, debemos fijarnos sobre todo en dos cosas: en los métodos de investigación de que el autor se ha servido en sus pesquisas, y en los problemas que han quedado pendientes de solución. En cuanto al libro de popularización, nos merecerá menos atención y confianza, a menos que no sea alguna voluminosa exposición de conjunto, o contenga algunos conceptos generales de fecunda aplicación en el laboratorio. En general, puede afirmarse que el libro refleja ya una fase histórica de la Ciencia. Por efecto del mucho tiempo que exige su redacción, de la preocupación dominante en el autor de simplificar la materia para ser entendido del gran público, faltan o se hallan muy ligeramente esbozados los temas de actualidad, los detalles de los métodos y las lagunas de la investigación.

Someteremos a estudio detenido las monografías debidas a los autores más geniales y que mayor impulso hayan dado a la cuestión: el talento original posee, entre otras cualidades, una gran virtud sugestiva. Es propiedad de todo buen libro que el lector recoja en él, no sólo las ideas expuestas deliberadamente por el autor, sino otras totalmente nuevas, y hasta diferentes para cada hombre, y que brotan del conflicto entre nuestro fondo de representaciones y los conceptos del texto. Por donde se ve que la monografía genial, con ser buena fuente de información científica, resulta además eficaz reactivo de nuestras propias cerebrales.

Las cabezas humanas, como las palmeras del desierto, se fecundan a distancia. Mas, para que semejante conjugación entre dos espíritus se realice y dé fruto de bendición, es menester interesarse profundamente en la lectura del libro genial, penetrarse de su hondo sentido y, en fin, simpatizar con el autor. En la Ciencia, como en la vida, el fruto viene siempre después del amor. Por no consultar las memorias originales y fiarse de obras de conjunto, ¡cuántos principiantes caen en el error de considerar aciertos ajenos y antiguos descubrimientos como fruto de su propia labor!

Nuestro novel hombre de ciencia debe huir de resúmenes y manuales como de peste. Buenos para la enseñanza, los manuales son pésimos para guiar al investigador. Quien resume, se resume a sí mismo, quiero decir que a menudo expone sus juicios y doctrinas en lugar de las del autor. De éste toma lo que le agrada o lo que entiende y digiere sin esfuerzo: da lo principal por accesorio, y viceversa. A título de aclarar y popularizar la obra ajena, el abreviador acaba por sustituir su personalidad a la del autor, cuya fisonomía intelectual, tan interesante y educadora para el lector, permanece en la sombra.

De lo dicho se infiere la inexcusable obligación en que se halla el investigador, si desea evitar desagradables sorpresas, de leer a los autores en sus obras originales, a menos que los resúmenes no dimanen de los autores mismos, que entonces, por compensación de la concisión, acaso hallemos concepciones e ideas directrices de gran provecho para la labor analítica.

Aquí surge una cuestión: Antes de empezar una investigación de laboratorio, ¿debe o no apurarse la bibliografía? Penetrados y como saturados de cuanto sobre el tema ha sido escrito, ¿no corremos el riesgo de ser sugestionados y de perder el don inapreciable de la independencia de juicio? La misma impresión de agotamiento del asunto, producida por la puntual información a que nos hemos entregado, ¿no será fatal a nuestras aspiraciones de hallar algo completamente original?

Cuestión es ésta que cada cual resuelve a su manera, aunque, a mi ver, si para decidirla se acudiera a plebiscito de sabios, la solución sería no iniciar indagación ninguna sin tener a la vista todos los antecedentes bibliográficos. Procediendo de esta suerte, se evita el doloroso desencanto producido al saber que hemos malgastado el tiempo redescubriendo cosas conocidas y descuidando, por consiguiente, el estudio profundo de las verdaderas lagunas del tema.

La conducta más prudente, a mi ver, es apurar, desde luego, la investigación bibliográfica especial antes de lanzarse a la tarea analítica. Pero cuando, por dificultades insuperables, sea ello irrealizable (según ocurre desgraciadamente en España, donde las Universidades carecen de libros modernos extranjeros y las Academias no tienen recursos para suscribirse a las revistas científicas más importantes), no debemos, por monografía de más o de menos, dejar de acudir al laboratorio; pues, si, enterados de los mejores métodos en boga, trabajamos con ahínco y perseverancia, siempre hallaremos algo escapado a la sagacidad de los últimos observadores, por lo mismo que, no habiendo sido imbuidos por ellos, habremos caminado por rutas diferentes. Y considerado el tema desde diverso punto de vista. En último caso, vale mil veces más arriesgarse a repetir descubrimientos, que renunciar a toda tentativa de indagación experimental, porque el principiante que en sus primeros ensayos de observador sabe hallar cosas poco tiempo antes publicadas, lejos de desalentarse por ello, fortifica su confianza en el propio valer, cobra ánimo para futuras empresas, y acaba por fabricar ciencia original, en cuanto sus medios pecuniarios correspondan a sus buenos deseos.

e) NECESIDAD ABSOLUTA DE BUSCAR LA INSPIRACIÓN EN LA NATURALEZA

Mucho aprenderemos en los libros, pero más aprenderemos en la contemplación de la naturaleza, causa y ocasión de todos los libros. Tiene el examen directo de los fenómenos no sé qué fermento perturbador de nuestra inercia mental, cierta virtud excitadora y vivificante, del todo ausente o apenas actuante aun en las copias y descripciones más fieles de la realidad.

Todos habremos podido notar que al intentar la comprobación de un hecho descrito por los autores, éste se presenta siempre con faz distinta de la presumida, y sugiere ideas y planes de acción no suscitados por la mera lectura. Ello depende, a nuestro juicio, de la incapacidad de la palabra humana para la pintura fiel de la realidad exterior. En cuanto causa de conocimiento, ésta representa un haz de sensaciones variadísimas y complejas, de las cuales la expresión simbólica, que procede siempre por abstracción y simplificación, refleja sólo una mínima parte.

Toda descripción, por objetiva e ingenua que parezca, constituye interpretación personal, punto de vista propio del autor. Sabido es que el hombre mezcla a todo su personalidad, y cuando cree fotografiar el mundo exterior, a menudo se contempla y se retrata a sí mismo.

Por otra parte, la observación suministra, a más de los datos empíricos con los cuales hemos de formar el juicio, ciertos factores sentimentales insustituibles: la sorpresa, el entusiasmo, la emoción agradable, que son fuerzas propulsoras de la imaginación constructiva. La emoción enciende la máquina cerebral, que adquiere por ella el calor necesario para la forja de intuiciones afortunadas y de hipótesis plausibles.

En comprobación de los efectos sugestivos que la Naturaleza, obrando directamente, causa en el observador, séame lícito referir la impresión sentida al contemplar por primera vez el fenómeno de la circulación de la sangre.

Estudiaba yo tercer año de Medicina y había en diversos libros aprendido los pormenores del fenómeno mencionado, pero sin que estas lecturas encadenaran mi atención me produjeron corrientes intensas de pensamiento. Mas cuando uno de mis amigos, el señor Borao, ayudante de Fisiología, tuvo la gentileza de mostrarme la circulación en el mesentario de la rana, en presencia del sublime espectáculo, sentí como una revelación. Entusiasmado y conmovido al ver girar los glóbulos rojos y blancos como los cantos rodados al ímpetu del torrente, al notar cómo, por virtud de su elasticidad, los *hematíes* se estiraban y pasaban trabajosamente por los más finos capilares, recobrando, salvado el obstáculo, súbitamente su forma, a la manera de un resorte, al advertir que, al menor impedimento en la corriente, se entreabrían las junturas del endotelio y sobrevenía la hemorragia y el edema: al reparar, en fin, cómo el latido cardíaco, atenuado por la excesiva acción del *curare,* sacudía flojamente los hematíes atascados..., parecióme como que se descorría un velo en mi espíritu, y se alejaban y perdían las creencias en no sé qué misteriosas fuerzas a que por entonces se atribuían los fenómenos de la vida. En mi entusiasmo prorrumpí en las siguientes frases, ignorando que muchos, singularmente Descartes, las habían expresado siglos antes: «La vida semeja puro mecanismo. Los cuerpos vivos son máquinas hidráulicas tan perfectas, que son capaces de reparar los desarreglos causados por el ímpetu del torrente que las mueve, y de producir, en virtud de la generación, otras máquinas hidráulicas semejantes». Tengo por seguro que esta viva impresión causada por la contemplación directa del mecanismo íntimo de la vida, fue uno de los decisivos estímulos de mi afición a los estudios biológicos[5].

---

[5] Hoy no suscribiría yo, sin algunas restricciones, este concepto mecánico, o si se quiere estrictamente físico-químico de la vida. En ella (origen, morfología de células y órganos, herencia, evolución, etcétera) se dan fenómenos que presuponen causas absolutamente incomprensibles, no obstante las jactanciosas promesas darwinianas y los postulados de la escuela bioquímica de Loeb.

f) Dominio de los métodos

Escogido el tema de estudio e informado menudamente, a ser posible, del estado actual del punto a esclarecer, el investigador pasará a aplicar cuantos métodos analíticos hayan sido propuestos, al objeto de confirmar los hechos descritos y reproducidos en las más recientes monografías. Durante esta tentativa de comprobación se le revelarán a menudo los puntos dudosos, las hipótesis insostenibles, las lagunas de la observación, y entreverá más de una vez el camino por el cual será dado impulsar el conocimiento del tema.

La maestría de los métodos, particularmente en las ciencias biológicas, es tan trascendental, que, sin temor de equivocación, se puede afirmar que los grandes descubrimientos corren a cargo de los técnicos más primorosos: de aquellos sabios que han profundizado, a favor de perseverantes ensayos, todos los secretos de uno o varios recursos analíticos.

En apoyo de este aserto bastará recordar que a despecho de los centenares de histólogos, embriólogos y anatómicos que se conocen en Europa y América, las más salientes conquistas científicas se deben a una docena de hombres que se han señalado, ora por la invención, ora por el perfeccionamiento, ya por el absoluto dominio de algunos métodos de indagación.

Entre los procedimientos de estudio se escogerán de preferencia los más recientes, y sobre todo los más difíciles, por ser los menos agotados. Importa poco el tiempo gastado en ensayos infructuosos, pues si el método ofrece sumo poder diferenciador, los resultados obtenidos tendrán gran importancia y nos indemnizará con creces de nuestros afanes. Con ello tendremos, además, la inestimable ventaja de caminar casi solitarios o de hallar en nuestra ruta pocos émulos y concurrentes.

g) EN BUSCA DEL HECHO NUEVO

He aquí la cuestión ardua, la preocupación soberana del principiante, que sabe, por la historia de la investigación científica, que alcanzando el primer descubrimiento se siguen otros derivados de él como las consecuencias de las premisas.

La nueva verdad hallada es a menudo el fruto de paciente y tenaz observación, la consecuencia de haber aplicado al tema más tiempo, más constancia y mejores métodos que nuestros predecesores. Como hemos dicho más atrás, la consideración escrupulosa y repetida de los mismos hechos acaba por dotarnos de una sensibilidad analítica refinada y como sobreexcitada en cuanto atañe al tema escogido. ¡Cuántas veces nos ha sido dado hallar, en virtud de ese golpe de vista fruto de la experiencia, cosas enteramente nuevas en las preparaciones donde nuestros discípulos nada veían de particular. Y ¡cuántos hechos nuevos habrán escapado a nuestra atención cuando, bisoños todavía en la técnica micrográfica, cada preparación nos parecía una esfinge!

Además del notable incremento que adquiere nuestra capacidad diferenciadora por la repetición de experimentos y de observaciones, el perseverante estudio de una cuestión nos lleva casi siempre a perfeccionar los métodos de investigación, determinando todas las condiciones del mal resultado, y por ende las causas promotoras del máximo rendimiento técnico.

A veces el descubrimiento constituye el premio de la diligencia. Trátase de aplicar un procedimiento reciente, y apenas explotado, a temas nuevos. Semejante táctica ha suscitado grandes y fáciles progresos en los vastos dominios de la Bacteriología, Anatomía o Histología comparadas.

Dado que los grandes impulsores científicos han sido, por lo común, creadores de métodos, lo mejor y más congruente sería dictar reglas para el hallazgo de éstos. Desgraciadamente, en las Ciencias biológicas casi todos los recursos analíticos débense al azar.

En general, cabe afirmar que los métodos representan felices aplicaciones a un dominio científico de verdades pertenecientes a otra disciplina del saber; mas esta aplicación suele ser obra de tanteos azarosos, o cuando más, se inspira en vagas analogías. En Bacteriología, Histología e Histoquímica, por ejemplo, los métodos representan, según dejamos apuntado ya, afectos selectivos de materias colorantes o de reactivos creados por la Química moderna. Ninguna razón plausible, a no ser el intento de provocar la casualidad, pudo inspirar a Gerlach la coloración de los núcleos por el carmín; a Máximo Schülze el empleo del ácido ósmico en el tejido nervioso; a Hannover la introducción del ácido crómico y bicarbonatos en el endurecimiento de los tejidos; a Koch, Ehrlich y otros, el aprovechamiento de las anilinas para la impregnación de las bacterias, etc.

Si conociéramos de un modo perfecto la composición química de las células vivas, los resultantes debidos a la aplicación de tal o cual reactivo colorante vendrían a ser mera deducción de los principios de la Química biológica. Empero, hallándonos harto distantes de este ideal, quienes pretendan descubrir nuevos métodos biológicos no tienen más recurso que someter los tejidos vivos a los mismos ciegos ensayos a que se entregaban los químicos de los pasados siglos para lograr, de vez en cuando, del conflicto y mezcla de varios cuerpos, combinaciones imprevistas.

Menester es, pues, fiar algo a la casualidad, provocándola mediante una serie reiterada de tanteos, en los cuales no podemos ser guiados más que por la intuición auxiliada por el conocimiento, todo lo profundo y preciso posible, de los reactivos y procederes técnicos recién introducidos en la Química y la Industria.

Y esto nos lleva a decir algo de la casualidad en la esfera de la investigación científica. Entra por mucho, positivamente, el azar en la labor empírica, y no debemos disimular que a él debe la Ciencia brillantes adquisiciones, pero la casualidad no sonríe al que la desea, sino al que la merece, según la gráfica frase de Duclaux. Y es preciso reconocer que sólo la merecen los grandes observadores, porque ellos solamente saben solicitarla con tenacidad y perseverancia deseables; y cuando obtienen la impensada revelación, sólo ellos son capaces de adivinar su trascendencia y alcance.

En la Ciencia, como en la lotería, la suerte favorece comúnmente al que juega más, es decir, al que, a la manera del protagonista del cuento, remueve continuamente la tierra del jardín. Si Pasteur descubrió por azar las vacunas bacterianas, también colaboró su genio, que vislumbró todo el partido que podía sacarse de un hecho casual, a saber: el rebajamiento de la virulencia de un cultivo bacteriano abandonado al aire y verosímilmente atenuado por la acción del oxígeno.

La historia de la Ciencia está llena de hallazgos parecidos: Scheele tropezó con el cloro, trabajando en aislar el manganeso; Cl. Bernard, imaginando experimentos encaminados a sorprender el órgano destructor del azúcar, halló la función glucogénica del hígado, etc. En fin, ejemplos recientes de casi milagrosa fortuna son los estupendos descubrimientos de Roentgen, Becquerel y los Curie.

Pura casualidad fue, según es notorio, el descubrimiento de lo rayos X, hecho por el profesor Roentgen.

Repetía este sabio en su laboratorio de Würzburgo los experimentos de Lenard sobre las singulares propiedades de los *rayos catódicos*. Según costumbre, estas radiaciones eran proyectadas sobre la pantalla fluorescente de *platino-cianuro de bario*. Y al objeto de averiguar la duración del fenómeno fluorescente, ocurriósele un día oscurecer el laboratorio cubriendo con caja de cartón la ampolla de Crookes, aparato generador, según es notorio, de los citados rayos catódicos. Puesta en acción la bobina, miró a la pantalla y vio con extraordinario asombro que ésta se iluminaba intensamente. Interpuso después un trozo de madera, un libro y siguió observando que las radiaciones —los rayos nuevos— atravesaban fácilmente estos cuerpos opacos. En fin, en momentos de febril impaciencia, intercaló casualmente la mano entre la ampolla de Crookes, y la pantalla receptora cuando, sobrecogido de intensa emoción, acaso con espanto, contempló un espectáculo macabro: sobre la superficie del cuerpo fluorescente dibujábanse fielmente en negro los huesos de la mano, como si no existieran los tejidos envolventes. Los maravillosos rayos X quedaban descubiertos y con ellos la *radioscopia*. Pronto siguieron las *radiofotografía* y las admirables aplicaciones quirúrgicas e industriales de todos conocidas.

En segundo caso, muy elocuente también, fue el descubrimiento fortuito de la *radiactividad* de la materia, debido al insigne físico francés Henri Becquerel.

Ya el malogrado H. Poincaré habíase preguntado si al fin no resultaría que la producción de rayos X es propiedad de los cuerpos fluorescentes. Deseando confirmar esta conjetura y bien preparado, además, para tal linaje de indagaciones, M. Becquerel proyectó ensayar el *sulfato de uranio*, cuerpo típicamente fluorescente. Pero corrían los nebulosos días de febrero, y el sol no se dignaba aparecer. En espera de que el astro rey disipara las densas brumas de París, había el referido físico preparado con mucha antelación el experimento, colocando sobre la placa sensible, cubierta de papel negro, varios cristales de sulfato de uranio e interponiendo, además, una cruz de cobre. La impaciencia le devoraba. Aguijado por ella, ocúrresele cierto día extraer la placa de su envoltura protectriz y revelarla a la aventura. Grande fue su asombro al advertir, contra todas sus presunciones (la sal de uranio había permanecido en la oscuridad), intensa impresión en la placa, donde se mostraban dibujados en negro los cristales de la sal uránica y en claro la referida cruz metálica. Había, sin querer, descubierto la *radiactividad* de la materia, una de las más prodigiosas conquistas de la ciencia moderna.

Mas lo chocante y estupendo del caso fue que M. Becquerel realizó tamaño descubrimiento (que le valió el premio Nobel) guiado por falsa hipótesis (relación etiológica entre la emisión de rayos X y la fluorescencia). Precisamente, de todos los cuerpos fluorescentes conocidos, *sólo el uranio* posee poder radiactivo. Como se ve, el efecto fue teatral: se diría preparado por un genio irónico empeñado en impulsar la Ciencia a pesar de las más erróneas concepciones.

Mas es forzoso convenir en que si muchos sabios descubrieron lo que no buscaban, todos ellos buscaron con admirable tenacidad, y fueron dignos del éxito, porque con rara penetración acertaron a sorprender los grandes progresos latentes en las tímidas y fragmentarias revelaciones del acaso. En suma: el azar afortunado suele ser casi siempre el premio del esfuerzo perseverante.

Solicitar la ayuda de la casualidad es como agitar el agua turbia para que suban y se hagan patentes los objetos sumergidos en el fondo. Todo observador hará bien en tentar su buena ventura, empero no confiará demasiado en ella; y apelará más a menudo al trabajo reglado, pues quien domina los métodos y está al corriente de los problemas todavía no resueltos, pero susceptibles de solución, logra casi siempre, sin aventurarse en probaturas de ordinario infecundas, algún descubrimiento de más o menos valía.

Conquistado el primer hecho nuevo (sobre todo si éste es de aquellos cuyo advenimiento provoca en el ambiente científico nuevas corrientes de ideas), nuestra tarea será tan llana como brillante: como que se reducirá a ir sacando progresivamente las consecuencias que entraña la reciente adquisición en las diversas esferas de la Ciencia. Por eso se ha dicho que el primer descubrimiento es el que cuesta, los demás suelen ser corolarios del primero. Doctrina sabia es, y proclamada por filósofos como Taine y por científicos como Tyndall, que todo problema resuelto plantea infinidad de nuevas cuestiones y que el descubrimiento del mañana, la cima de la verdad, con tantos esfuerzos escalada, que mirada desde el valle semejaba montaña imponente, no es sino minúscula estribación de formidable cordillera que se columbra a través de la niebla, atrayéndonos con insaciable curiosidad. Satisfagamos esta ansia de subir, y aprovechando el plácido descanso que proporciona la contemplación del nuevo horizonte, meditemos desde la cima recién conquistada el plan que debe conducirnos a más altas regiones.

Pero, según dejamos dicho, la fortuna de inaugurar un estudio lleno de promesas con un hecho trascendental es rara, y ningún investigador prudente debe contar demasiado con ella; por donde, para iniciar nuestra obra, no debemos vacilar en partir del descubrimiento de otros. Y así y todo, no ha de faltarnos labor, y labor fecunda. El nuevo hecho, fruto del ajeno desvelo, suele causar una revolución en el ambiente científico: convierte en sospechosas doctrinas antes estimadas como verdades firmes; suscita nuevas posiciones de equilibrio en esas vagas regiones de lo conjetural que forman el tránsito de lo conocido a lo desconocido, y plantea una serie de nuevas cuestiones que el iniciador, falto de tiempo, no pudo resolver por sí mismo.

Además, en el orden crítico éste deja casi siempre incompleta su obra: influido todavía por la tradición, no acierta a romper abiertamente con los prejuicios del pasado; receloso, acaso, de hallar demasiada oposición en el ambiente científico, e impaciente de aprobaciones y aplausos, presenta su teoría como una transacción entre viejas y novísimas doctrinas. Por tal motivo, un observador menos meticuloso, llegado de refresco, suele perfeccionar, con poco esfuerzo, la obra del iniciador sacando de ella las últimas consecuencias teóricas y prácticas. Todo ese cúmulo de problemas suscitados por la nueva conquista científica constituye terreno fecundísimo para el novel investigador. A él acudirá, bien templadas sus armas analíticas, sin arrogancia ni esperanza excesiva; pero no confíe en llegar solo: allí encontrará también una pléyade de émulos que intentarán ganarle por la mano, y a los cuales se adelantará solamente a fuerza de actividad, penetración y perseverancia.

Finalmente, cuando nos hallemos en presencia de varios temas igualmente favorables y fecundos, escogeremos aquel cuya metodología nos sea perfectamente conocida y por el que sintamos decidida simpatía. Es consejo de buen sentido que Darwin daba a sus discípulos cuando le demandaban tema de estudio. Y la razón es que nuestro entendimiento redobla sus fuerzas cuando columbra en lontananza el premio del placer o de la utilidad.

El explorador de la Naturaleza —lo hemos repetido varias veces— debe considerar la investigación cual *de-*

porte incomparable, en donde todo, desde los procederes técnicos hasta la elaboración doctrinal, constituye perenne manantial de gratas satisfacciones. Quien en presencia de un arduo problema no sienta crecer su entusiasmo ni acrecentar sus fuerzas; quien al aproximarse el solemne momento del *fiat lux* impacientemente esperado no tenga el alma inundada por la emoción precursora del placer, debe abandonar las empresas científicas, porque la Naturaleza no otorga sus favores a los fríos de condición, y la frialdad es a menudo inequívoco signo de impotencia.

CAPÍTULO V

Enfermedades de la voluntad

Todos hemos visto profesores superiormente dotados, desbordantes de actividad e iniciativas, en posesión de suficientes medios de trabajo, y que, sin embargo, no realizan obra personal ni escriben casi nunca. Sus discípulos y admiradores esperan con ansia la *obra grande,* legitimadora del alto concepto que del maestro se formaron; pero la obra grande no se escribe y el maestro continúa callado.

No nos engañen el optimismo y el buen deseo. A despecho del mérito excepcional y del celo y actividad desplegados en determinadas funciones docentes, dichos maestros son enfermos de la voluntad. No lo serán acaso a los ojos del frenópata; su modorra y dejadez no justifican todavía el diagnóstico de *abulia;* pero sus discípulos y amigos harán bien en considerarlos como anormales y en proponerles, con el respeto y dulzura debidos a su alta mentalidad, tratamiento espiritual adecuado.

Estos ilustres fracasados agrúpanse en las principales clases siguientes: *dilettantes o contempladores, eruditos o bibliófilos, organófilos, megalófilos, descentrados y teorizantes.*

Contempladores.—Variedad morbosa muy frecuente entre astrónomos, naturalistas, químicos, biólogos y físicos, reconócese en los síntomas siguientes: amor a la contemplación de la Naturaleza, pero sólo en sus manifestaciones estéticas: los espectáculos sublimes, las bellas formas, los colores espléndidos y las estructuras elegantes. Si el *dilettante* es botánico, quedará para siempre anclado en la admiración de las algas, singularmente en las *diatomeas,* cuyos elegantes carapachos cautivarán su admiración. En su culto fetichista pasará sus horas examinando y fotografiando de mil maneras tan interesantes seres, componiendo con ellos letreros, grecas, escudos y otros primores ornamentales, pero sin añadir al copioso catálogo de las especies conocidas una variedad nueva ni contribuir en lo más mínimo al conocimiento de la estructura, evolución y funcionalismo de los citados microorganismos.

Si el sibarita científico es histólogo, se consagrará con amor al arte de prestar a las células y tejidos orgánicos vistosas coloraciones: dominará a maravilla la jeringuilla de inyección, y en su ingenua admiración de lo pintoresco pasará sus veladas dibujando las elegantes redecillas que el carmín y el azul de Prusia bordan en los capilares del intestino, músculos y glándulas. A gala tendrá el dominar los más elegantes métodos de tintorería histológica, sin sentir jamás la tentación de aplicarlos a un tema nuevo o dilucidar una cuestión litigiosa.

Si es geólogo, permanecerá arrobado examinando a la luz polarizada los espléndidos colores mostrados por las secciones de rocas; si bacteriólogo, se aficionará al coleccionamiento y cultivo de los microbios cromógenos y fosforescentes; si astrónomo, consagrará sus ocios a fotografiar las montañas de la Luna o las manchas del Sol...

¿A qué seguir? Todos nuestros lectores recordarán tipos y variedades interesantes de esta especie, tan simpática por su entusiasmo juvenil y verbo cálido y cautivador como estéril para el progreso efectivo de la Ciencia.

Bibliófilos y poliglotas.—Como el micrógrafo se recrea en la diatomea o el zoólogo en conchas, insectos y pájaros de vistosa librea, el bibliófilo se deleita con la lectura del libro o monografía novísimos, de esas monografías trascendentales, renovadoras, que sólo recibe él y de que nuestro erudito se sirve maravillosamente para asombrar a sus amigos.

Los síntomas de esta dolencia son: tendencias enciclopedistas; dominio de muchos idiomas, algunos totalmente inútiles; abono exclusivo a revistas poco conocidas; acaparamiento de cuantos libros novísimos aparecen en el escaparate de los libreros; lectura asidua de lo que importa saber, pero sobre todo de lo que a pocos interesa; pereza invencible para escribir y desvío del seminario y del laboratorio.

Como es natural, nuestro erudito vive en y para su biblioteca, que es copiosa y monumental. Allí recibe a sus contertulios, a quienes cautiva con una conversación amena, brincadora, variadísima, iniciada de ordinario con estas o parecidas interrogaciones: ¿Ha leído usted el libro de Fulano? (Aquí, un nombre yanqui, alemán o escandinavo.) ¿Conoce usted la sorprendente teoría de Zutano? Y sin oír la respuesta, el erudito desarrolla con calurosa elocuencia una doctrina las más veces estrafalaria y audaz, sin base objetiva suficiente y sólo pasadera como tema de espiritual *causerie*.

Estos indolentes de la ciencia que hablan de todo, malogrando y derrochando facultades exquisitas, ignoran una cosa muy sencilla y muy humana: que son censurados de sus mismos amigos y aduladores, a quienes inspiran más piedad que respeto. Y desconocen también, o al menos no sienten con la vehemencia debida esta verdad trivial: que la erudición posee muy escaso valor cuando no representa la preparación y el pródromo de la acción personal intensa y perseverante. Todo su afán se cifra en pasar por monstruos de talento y de cultura, sin reparar que sólo el esfuerzo vivificante puede librar al sabio del olvido y la injusticia.

No hay, por fortuna, en este punto que insistir mucho para rectificar juicios sociales equivocados. Nadie ignora que vale quien sabe y actúa, y no quien sabe y se duerme. Rendimos tributo de veneración a quien añade una obra original a una biblioteca y se lo negamos a quien lleva una biblioteca en la cabeza. Para resultar fonógrafo, no valía la pena de haber complicado con el estudio y la reflexión la organización del cerebro. En cosa de más enjundia hay que emplear nuestras neuronas. Saber, pero transformar; conocer, pero obrar: tal es la norma del verdadero hombre de ciencia.

Brindemos, pues, nuestro aplauso y gratitud a quienes dejaron estela de verdades luminosas y olvidemos a quienes se fatigaron estérilmente, convertidos en girándulas de sonoras palabras. Al modo del tenor, el erudito elocuente puede, sin duda, recibir en vida, en la cálida intimidad de su tertulia, plácemes entusiastas; pero en vano esperará las aclamaciones del gran teatro del mundo. El público del sabio vive lejos o no vive aún, lee y no oye; es tan austero y recto, que no reconoce más títulos a la gratitud y al respeto que las verdades nuevas puestas en circulación en el mercado cultural.

Los megalófilos.—Caracterízase esta variedad de malogrados por atributos nobles y simpáticos. Estudian mucho, pero aman también el trabajo personal; poseen el culto de la acción y dominan los métodos inquisitivos, rebosan de patriotismo sincero y ansían enaltecer su nombre y honrar al país con admirables conquistas.

Y, sin embargo, un error funesto esteriliza sus afanes. Evolucionistas convencidos en teoría, resultan providencialistas en la práctica. Como si confiaran en el milagro, desean estrenarse con hazaña prodigiosa. Recordando acaso que Hertz, Mayer, Schwann, Roentgen, Curie iniciaron su vida científica con un gran descubrimiento, aspiran a ascender, desde el primer combate, de soldados a generales, y se pasan la vida planeando y dibujando, construyendo y rectificando, siempre en febril actividad, siempre en plena revisión, incubando el gran engendro, la obra asombrosa y arrolladora. Y los años transcurren, y la expectación se fatiga, y los émulos murmuran, y los amigos estrujan la imaginación para cohonestar el silencio del grande hombre. Y mientras tanto, sobre aquel tema tan detenidamente explorado, acariciado y lamido llueven en el extranjero importantes monografías que arrebatan, ¡ay!, a nuestro ambicioso investigador el halago de la prioridad, y le obligan a cambiar de rumbo. Sin desanimarse, el megalófilo aborda otro tema, y cuando tiene casi construido el imponente monumento, nuevos émulos, que se permiten fabricar ciencia al por menor, vuelven a amargarle la existencia. Y al fin llega a la vejez entre el silencio indulgente de los discípulos y la irónica sonrisa de los sabios.

¡Y todo por no haberse plegado desde el principio, modesta y humildemente, a esta ley de Naturaleza, que es también táctica de buen sentido!: abordar primeramente los pequeños problemas para acometer después, si el éxito sonríe y las fuerzas crecen, las magnas hazañas de la investigación. Esta actitud prudente podrá no conducir siempre a la gloria, pero en todo caso nos granjeará la estima de los sabios y el respeto y consideración de nuestros conciudadanos.

A guisa de subvariedad de los *megalófilos* consideramos los *proyectistas,* que recuerdan a los antiguos arbitristas. Distínguense fácilmente por la ebullición y superabundancia de ideas y de planes de acción. Ante sus ojos optimistas, todo aparece de color de rosa. Por seguro tienen que, una vez secundadas, sus iniciativas abrirán amplios horizontes a la ciencia y rendirán frutos prácticos inestimables. Sólo hay que deplorar una pequeña contrariedad: ninguna empresa llega a plena sazón. Todas se malogran, unas veces por escasez de medios, otras por ausencia de ambiente, las más por falta de discípulos capaces de cooperar a la magna obra, o de corporaciones y gobiernos suficientemente cultos y avisados para alentarla y recompensarla.

La realidad es que no trabajan bastante; fáltales perseverancia. Como decía agudamente Gracián en su *Oráculo manual:* «Todo se les va a algunos en comenzar y nada acaban; inventan, pero no prosiguen; todo para en *parar*... Mate el sagaz la caza, no se le vaya todo en levantarla».

Organófilos.—Variedad poco importante de infecundos, reconócense enseguida por una especie de culto fetichista hacia los instrumentos de observación. Fascinados por el brillo del metal como la alondra por el espejuelo, cuidan amorosamente de sus ídolos, que guardan como en sagrario, relucientes como espejos y admirablemente representados. Reposo y disciplina conventual reinan en el laboratorio, donde no hay una mancha ni se oye el menor rumor.

En los amplios bolsillos del organófilo las llaves sonajean de continuo. Imposible que el ayudante o los alumnos consulten, en ausencia del profesor, la monografía o el aparato imprescindibles. Microscopios, espectroscopios, balanzas de precisión, reactivos, etc., están guardados y lacrados con siete sellos. ¡No faltaría más que por una condescendencia punible del jefe el ayudante estropeara el objetivo de Zeiss, el refractómetro o el aparato de polarización! ¡Ello sería horrible! Además, ¿no es el único responsable del material científico, arca santa de la Universidad, y no tendrá en su día que rendir estrecha cuenta a sus superiores? ¿Investigar? ¿Comprobar? ¡Ya lo hará cuando tenga tiempo, y luego que lleguen ciertas novísimas monografías cuya consulta le es indispensable! ¡Ah! Si el Gobierno le aumentase la consignación del material, quizá podría desprenderse, en obsequio a la enseñanza, de parte del sagrado depósito... Pero ¡mientras tanto!...

Estos maestros —de que nuestros lectores recordarán más de un ejemplar— erraron la vocación [1]. Creen ser buenos docentes y celosos funcionarios, y en realidad son excelentes amas de casa. ¿Verdad que recuerdan a esas excelentes señoras las cuales adornan primorosamente la sala, ordenan escrupulosamente los muebles, barnizan diariamente el *parquet* y en evitación de manchas y desarreglos reciben a sus relaciones en el comedor?

Claro es que de los organófilos empedernidos no puede sacarse partido. Padecen morbo casi incurable, sobre todo si va asociado, según ocurre con frecuencia, a cierto estado moral poco confesable: a la preocupación egoísta y antipática de impedir que otros trabajen, ya que ellos no saben o no quieren trabajar.

Los descentrados.—Si el profesorado no fuera a menudo entre nosotros mero escabel de la política o decoroso reclamo de la clientela profesional; si a nuestros candidatos a la cátedra se les exigieran, en concurso y oposiciones, pruebas objetivas de aptitud y vocación, en

---

[1] Conocemos algunos que no se contentan con cerrar los armarios del laboratorio, sino que los precintan y lacran al ausentarse.

vez de pruebas puramente subjetivas y en cierto modo proféticas, abundarían menos esos casos de actividad oficial entre la función retribuida y la actividad libre.

«Una de las causas de la prosperidad de Inglaterra —me decía un profesor de Cambridge— consiste en que entre nosotros cada cual ocupa su puesto.» Lo contrario de lo que, salvando honrosas excepciones, acontece en España, en donde muchos parecen ocupar un puesto no para desempeñarlo, sino para cobrarlo y tener de paso el gusto de excluir a los aptos.

¿Quién no recuerda generales nacidos para pacíficos burócratas o jueces de paz; profesores de medicina cultivando la literatura o la arqueología; ingenieros escribiendo melodramas; patólogos dedicados a la moral, y metafísicos votados a la política? De donde resulta que, en lugar de consagrar a la actividad oficial todas las fuerzas de nuestro espíritu, le rendimos solamente mínima parte de ellas, y eso de mala gana y como cumpliendo penosa obligación.

No pretendemos, empero, que la vida del profesor, y en general del hombre de ciencia, sea tan austera y rigorista que haya de consumirse por entero en la tarea profesional. Desearíamos solamente que a ocupaciones amenas o de mero pasatiempo dedicara el sobrante de su actividad, esos sanos coqueteos de la atención enervada por la intensidad y monotonía de la diaria labor.

Más que anormales —pensará alguno—, los *descentrados* son infortunados a quienes circunstancias adversas impusieron oficio contrario a sus inclinaciones. Sin embargo, bien consideradas las cosas, dichos fracasados entran también en la categoría de abúlicos, porque carecen de la energía necesaria para cambiar de camino, armonizando al fin la vocación con el empleo.

Los descentrados crónicos parécennos enfermos desahuciados. No así los jóvenes, a quienes sugestiones de familia o tiranía del medio moral desviaron de su destino, obligándoles a trabajo de forzados. Flexibles todavía las coyunturas mentales, harán bien en cambiar de dirección en cuanto soplen vientos favorables. Aun aquellos que, amarrados a una ciencia extraña a sus aficiones, viven como desterrados de su patria ideal, podrían redimirse y trabajar con provecho si, levantando el ánimo al cumplimiento de sagrados deberes, procuran buscar dentro de sus tareas oficiales algún dominio agradable donde laborar hondo y bien. ¿Qué ciencia carece de algún oasis deleitoso donde nuestra inteligencia encuentre útil empleo y plena satisfacción?

Los teorizantes.—Hay cabezas cultísimas y superiormente dotadas cuya voluntad padece una forma especial de pereza tanto más grave cuanto que ni a ellos se le parece ni por tal suele reputarse. He aquí sus síntomas culminantes: talento de exposición, imaginación creadora e inquieta, desvío del laboratorio y antipatía invencible hacia la ciencia concreta y los hechos menudos. Pretenden ver en grande y viven en las nubes. Prefieren el libro a la monografía y las hipótesis brillantes y audaces a las concepciones clásicas, pero sólidas. En presencia de un problema difícil sienten irresistible tentación no de interrogar a la Naturaleza, sino de formular una teoría. Como acierten a percibir tenue y artificiosa analogía entre dos fenómenos, o logren encajar el hecho nuevo en el marco de una concepción general verdadera o falsa, danse por satisfechos y se creen excelsos reformadores. El método es legítimo en principio, pero abusan de él, cayendo en la inocencia de considerar las cosas bajo un solo aspecto. Para ellos lo esencial es la estética de la concepción. Poco importa que se funde en el aire con tal de que sea bella e ingeniosa, ponderada y simétrica.

Como es natural, las decepciones persiguen al teorizante. El medio científico actual es tan poco propicio a las teorías, que aun los que llevan el sello del genio necesitan para imponerse lustros de lucha y de incesante labor experimental. ¡Han caído tantas doctrinas que parecían inconmovibles!

En el fondo, el teorizante es un perezoso disfrazado de diligente. Sin percatarse de ello, obedece a la ley del mínimo esfuerzo. Porque es más fácil forjar una teoría que descubrir un fenómeno.

Liebig, buen juez en estas materias, escribía paternalmente al joven Gebhard, químico de grandes alientos, pero harto inclinado a las síntesis ambiciosas: «No hagas hipótesis. Ellas te acarrearán la enemiga de los sabios. Preocúpate de aportar hechos nuevos. Los hechos son los únicos méritos no regateados por nadie, hablan alto en nuestro favor, pueden ser comprobados por todos los hombres inteligentes, nos crean amigos e imponen la atención y el respeto de los adversarios».

Y Liebig tenía muchísima razón. Las teorías son, en efecto, peligrosísimas para el porvenir de un principiante. Adoctrinar envuelve cierta arrogancia pedante, algo como alarde de superioridad intelectual, que sólo se perdona al sabio ilustrado por larga serie de descubrimientos positivos. Adquiramos primero personalidad, seamos obreros útiles; más adelante veremos si se nos consiente ser arquitectos.

Acaso el lector, recordando lo que dejamos en otro lugar expuesto acerca de la necesidad de las hipótesis, se pregunte si no cometemos inconsecuencias. Hay que distinguir entre las hipótesis de trabajo *(Arbeitenhipothesen* de Weismann) y las teorías científicas. La hipótesis constituye interrogación interpretativa de la Naturaleza. Forma parte de la investigación misma, como que representa su fase inicial, su antecedente casi necesario. Pero especular de continuo, es decir, teorizar por teorizar sin acudir al análisis de los fenómenos es perderse en idealismos sin consistencia, es volver la espalda a la realidad.

Insistamos una vez más en esta conclusión evidente: el haber positivo de un sabio hállase formado por el conjunto de los hechos originales que aporta. Las hipótesis pasan, pero los hechos quedan. Las teorías nos abandonan, los hechos nos definen. Ellos son nuestro capital efectivo, nuestros bienes raíces y nuestra mejor ejecutoria, y en la eterna mudanza de las cosas ellos sólo se salvarán de los ultrajes del tiempo y del olvido o de la injusticia de los hombres. Fiarlo todo al éxito de una concepción vale tanto como ignorar que cada quince o veinte años se renuevan las teorías. ¡Qué de hipótesis, al parecer definitivas, no han caído ruidosamente en física, en química, en geología, en biología, etc., durante los últimos lustros! En cambio, ahí están inmutables y desafiando a la crítica los hechos bien observados de la anatomía y fisiología, de la química y de la geología, las leyes y ecuaciones de la astronomía y de la física. «Dadme un hecho —decía Carlyle— y yo me postraré ante él.»

En suma: el principiante consagrará su máxima actividad a descubrir hechos nuevos, haciendo observaciones precisas, experimentos fecundos, descripciones exactas. De las hipótesis se servirá a título de sugeridoras de planes de investigación y promotoras de nuevos temas de trabajo. Si, a pesar de todo, se siente compelido a crear vastas generalizaciones científicas, hágalo más adelante, cuando el caudal de observaciones originales allegadas le haya granjeado sólida autoridad. Entonces, y sólo entonces, será oído con respeto y discutido sin desdén. Y si la fortuna le acompaña, ceñirá al fin la doble corona de investigador y de filósofo.

Hemos descrito los principales tipos de fracasados, haciendo resaltar, quizás con tintas algo subidas, sus flaquezas éticas y sus lacerías intelectuales. Nuestro propósito ha sido ponerles delante el espejo donde tanto ellos como sus discípulos y admiradores contemplen su deformidad. No confiamos, empero, en la eficacia de nuestro diagnóstico para corrección de los maduros y osificados. A los jóvenes que en su candor envidian prestigios más que discutibles se dirigen nuestros consejos. Y se enderezan, sobre todo, a esos profesores cultos y capaces de trabajar con fruto, pero que, influidos por el mal ejemplo y faltos de disciplina interior, comienzan a sentir con el desmayo del trabajo personal el deseo malsano y antipatriótico de imitar a nuestros engreídos infecundos.

Si, a pesar de todos los consejos, la reacción mental se retarda, hagan examen de conciencia y vean si no están en el caso de sufrir una cura espiritual en el extranjero. El laboratorio del sabio es un sanatorio incomparable para los extravíos de la atención y los desmayos de la voluntad. En él se desvanecen viejos prejuicios y se contraen sublimes contagios. Allí, al lado de un sabio laborioso y genial, recibirá nuestro abúlico el bautismo de sangre de la investigación; allí contemplará, con noble envidia, ardorosa emulación por arrancar secretos a lo desconocido; allí respirará el desdén sistemático hacia las vanas teorías y los discursos retóricos; allí, en fin —en extrañas tierras—, sentirá renacer el santo patriotismo. Y cuando lanzado en el camino del trabajo personal, cuente en su haber algunos estimables descubrimientos, de regreso al país natal aprenderá a escatimar sus admiraciones y mirará con desdén, casi con lástima, a sus antiguos ídolos.

CAPÍTULO VI

Condiciones sociales favorables a la obra científica

La producción del hombre de ciencia, como toda actividad del espíritu, hállase rigurosamente condicionada por el medio físico y moral. Con razón se ha dicho que el sabio es planta delicada y susceptible de prosperar solamente en un terreno especial formado por el aluvión de secular cultura y labrado por la solicitud y estimación sociales. En ambiente favorable, hasta el apocado siente crecer sus fuerzas; un medio hostil o indiferente abate el ánimo mejor templado. ¿Cómo proseguir cuando a nadie interesa nuestra obra? Sólo un carácter férreo y heroico sería capaz de sobreponerse a un medio adverso, y esperar, resignado y oscuro, la aprobación de la posteridad. Pero la sociedad no debe contar con los héroes, por si no tienen a comodidad aparecer. Atengámonos, sobre todo, a los caracteres medios y a los talentos regulares, como vengan asistidos de noble patriotismo y de hidalga ambición. A la formación y cultivo de estos patriotas del laboratorio deben contribuir gobiernos e instituciones docentes, creándoles un ambiente social propicio y librándoles, en lo posible, de las preocupaciones de la vida material.

Sin duda que, durante algún tiempo todavía, y en virtud de causas cuyo examen dejamos para otro lugar, la investigación científica en España será obra de abnegación y de sacrificio. Con todo eso, fuerza es declarar que se han exagerado mucho las resistencias morales y materiales opuestas al trabajo científico. Nuestros Jeremías de la Universidad deploran, a veces con razón, la falta de medios, pero más a menudo se quejan un poco teatralmente, adoptando posturas retóricas de abandono y hasta de persecución.

Tengamos la sinceridad de confesarlo: en la mayoría de los casos, frases desalentadoras como las siguientes: «Carezco de laboratorio; ejerzo una profesión incompatible con el vagar indispensable a la labor científica; las obligaciones de familia me roban el tiempo y dinero exigidos por el trabajo de investigación», etc., etc., representan alegatos del *dolce far niente* o disculpas de un patriotismo desmayado.

Fácil será reducir a su cabal valor tales lamentaciones e insistir de pasada en esta verdad capital: para *la obra científica los medios son casi nada y el hombre lo es casi todo.*

Deficiencias de medios materiales.—He aquí la cómoda excusa que muchos profesores y no pocos doctores ajenos a la enseñanza, aunque aptos para la investigación, ponen por delante en cuanto se les interroga por sus trabajos. Si el quejumbroso es *filósofo, jurista, filólogo,* etc., alegará la falta de lectores y, sobre todo, la ausencia de biblioteca de revistas especiales; si *bacteriólogo, histólogo* o *naturalista,* echará de menos un buen microscopio, reactivos, local adecuado, etc.; si *físico, químico* o *ingeniero,* repetirá la misma cantinela, deplorando la mezquindad del instrumental y la dotación del laboratorio; si *astrónomo,* se tenderá en el surco hasta que el Gobierno le proporcione magníficos telescopios, etc. Todos, en fin, coincidirán en que nuestros políticos, procedentes en su inmensa mayoría del gremio de juristas y literatos, desdeñan la ciencia experimental y la enseñanza objetiva. E incurriendo en un tópico vulgar, no vacilará en suponerlos principales responsables de nuestro atraso [1].

Pueril fuera desconocer que hemos padecido, a menudo, ministros del viejo tipo retórico, sin orientación europea, y funestos, por tanto, al resurgimiento intelectual de nuestro país. Mas tales políticos orientados hacia el pasado, devotos de la tradición y recelosos de la moderna cultura, han desaparecido casi por completo.

Nuestros estadistas de hoy adolecen, sin duda, de algunos defectos (uno de ellos es ignorar o no sentir con suficiente energía que la grandeza y poderío de las naciones es obra de la ciencia, y que la justicia, el orden y las buenas leyes constituyen factores de prosperidad positivos, aunque secundarios); pero en todo caso no incurrirán en el error antipatriótico de negar protección y subsidios a las eminencias de la cátedra y a las capacidades científicas indiscutibles. En su ingenuo optimismo han hecho más, y es doloroso consignarlo: han creado espléndidos laboratorios a beneficio de varones cuya aptitud y patriotismo parecen harto dudosos. Y si para los hábiles de la intriga y del favor se crean sinecuras y se acumulan espléndidos medios materiales, ¿cómo les serán éstos negados a maestros esclarecidos, ilustrados por notorios descubrimientos o por trabajos científicos de positiva valía?

---

[1] Existen actualmente (1923) laboratorios en España tan suntuosamente dotados que los envidian los sabios más grandes del extranjero. Y, sin embargo, en aquéllos se produce poco o nada. Es que nuestros ministros y corporaciones docentes se han olvidado de dos cosas importantes: que no basta declararse investigador para serlo y que los descubrimientos los hacen los hombres y no los aparatos científicos y las copiosas bibliotecas.

Tiene el político sus debilidades, pero tiene también sus noblezas. Y por encima de todo cultiva la habilidad y la travesura. Precisamente, esos mismos ministros, cuya voluntad flaquea ante los requerimientos de la amistad o de la clientela política, suelen ser los más solícitos en galardonar el mérito positivo.

Claro es que las susodichas facilidades de trabajo se dispensan de preferencia a profesores aventajados y de indiscutible autoridad. Con mayores obstáculos tropezarán los aficionados ansiosos de renombre. Harán mal, empero, en desanimarse. Para seguir adelante y fomentar la noble vocación tendrán que escoger entre el sacrificio o la subordinación, es decir, entre el laboratorio propio y el laboratorio oficial.

En ausencia total de recursos naturales, todo principiante deberá recurrir al laboratorio oficial. Y conseguirá, si se lo propone, figurar entre los íntimos del maestro. Como su fuerza de trabajo y de preparación científica sean suficientes, ¿qué profesor le negará una mesa de labor y paternales consejos?

Y, sin embargo, nosotros veríamos con más gusto al principiante (a poco que se lo consintiera sus recursos pecuniarios) iniciar su aprendizaje en laboratorio propio, organizado y sostenido con sus modestas economías. Sin duda que el establecimiento oficial nos ofrece, con el maestro, guía valioso y, en muchos casos, irreemplazable. Pero la labor en común adolece de muchos inconvenientes. La brevedad de las horas de trabajo, la conversación y bullicio continuos, el ir y venir de alumnos y ayudantes, la lucha por la posesión de los instrumentos analíticos, y otras molestias anejas a los laboratorios universitarios, además de implicar pérdida de tiempo, producen una despolarización de la atención, nada favorable a la pesquisa científica.

En condiciones tales, y más si el guía deja algo que desear, vale más trabajar a solas. Sean nuestros maestros los libros: mentores sabios, serenos, sin eclipses ni mal humor. Con ellos daremos cima al empeño soberano, que consiste, antes de descubrir, en descubrirnos, antes de modelar la Naturaleza, en modelarnos. Forjamos un cerebro fuerte, un cerebro original, exclusivamente nuestro: he ahí la labor preliminar absolutamente inexcusable. Y luego, llegada la madurez técnica, ¡qué holguras y facilidades para la indagación personal! Ibsen pone en boca de un personaje este consejo dirigido a un amigo: «Sé tú mismo». Nada mejor para lograrlo que laborar a solas.

¡Oh soledad confortadora, cuán propicia eres a la originalidad del pensamiento! ¡Cuán dulces y fecundas las invernales veladas pasadas en el *hogar-laboratorio,* durante las cuales los centros docentes rechazan a sus devotos! Ellas nos libran de fatales improvisaciones, doman nuestra impaciencia y refinan la capacidad de observación. ¡Con qué cariño cuidamos de los instrumentos propios, cada uno de los cuales representa una vanidad negada o un vicio insatisfecho! ¡En nuestro amor hacia ellos, apreciamos sus excelencias, notamos sus defectos, esquivamos sus lazos, penetramos, en fin, en su alma amiga, que responde siempre, sumisa y simpáticamente, a los requerimientos de la nuestra!

Pero un laboratorio de investigación —reparará el lector— debe ser cosa dispendiosa. Error lamentable. Procurarse las herramientas necesarias cuesta muy poco. Misérrimos habrán de ser los profesores, naturalistas, médicos, farmacéuticos, etc., para quienes sea empresa inaccesible costear y sostener un centro privado de estudios experimentales.

Permítasenos la inmodestia de citarnos a este propósito. Con las exiguas economías del haber de un catedrático de provincias, y sin más ingresos extraordinarios que algunas lecciones particulares, hubimos nosotros de crear y mantener, durante quince años, un laboratorio micrográfico y suficiente biblioteca de revistas. Nuestro primer microscopio —un Verick estimable— fue adquirido a plazos. Y el caso no es excepcional. Lo corriente es inaugurar la propia obra con penuria de medios, pero con medios propios, que precisamente por serlo resultan singularmente educadores y fecundos. Notorio es que la mayoría de los descubrimientos fisiológicos, histológicos y bacteriológicos, etc., fueron obra de jóvenes entusiastas, sin nombres y sin fortuna, que trabajaron en buhardillas o graneros. El laboratorio oficial, cómodo y suntuoso, llegó más adelante, como galardón del éxito científico.

A docenas podrían citarse ejemplos clásicos de modestos comienzos. Faraday, aprendiz de encuadernador, llevado de su entusiasmo científico, asentó de mozo o de mecánico en el laboratorio de Davy, alejado del cual, y sin haber seguido carrera alguna, montó un centro de investigaciones, del que brotaron admirables conquistas, renovadoras de la ciencia de la electricidad. El gran Berzelius inició sus descubrimientos químicos en el obrador de su botica. Buena parte de los astrónomos de genio exploraron el cielo desde la azotea de sus casas, armados de medianos anteojos. Sirva de ejemplo Goldschmidt, quien desde las ventanas de su habitación, y ayudado de modestísimo refractor (105 mil), descubrió, a fuerza de paciencia, muchos pequeños planetas.

En suma: más que escasez de medios, hay miseria de voluntad. El entusiasmo y la perseverancia hacen milagros. Lo excepcional es que, en lujosos y bien provistos laboratorios sostenidos por el Estado, un novel investigador logre estrenarse con memorable hazaña científica. Desde el punto de vista del éxito, lo costoso, lo que pide tiempo, brío y paciencia, no son los instrumentos, sino, según dejamos apuntado, desarrollar y madurar una aptitud. A lo más, la mezquindad económica nos condenará a limitar nuestras iniciativas, a achicar el marco de la indagación. Pero, ¿no es esto una ventaja?

Desde este aspecto, cabe distinguir dos ciencias: una dispensiosa, aristocrática, cuyo culto exige templos suntuosos y ricas ofrendas, y otras barata, casera, democrática, accesible a los más humildes peculios. Y esta Minerva de los humildes muéstrase singularmente propicia: en su bondad acoge mejor las flores de la meditación intensa que aparatosas y regias hecatombes. Hay, además, un noble orgullo en triunfar con pobres medios: el orgullo de la elegancia y de la sobriedad. Por otra parte, nada realza mejor la enérgica personalidad del investigador, distinguiéndole de la caterva de trabajadores automáticos, que aquellos descubrimientos donde la voluntad y la lógica dominan el mecanismo, y para los cuales el cerebro es casi todo y los medios materiales casi nada.

Con el propósito de ser útil a nuestros lectores y desterrar preocupaciones económicas, vamos a descender un momento al terreno de las cifras, puntualizando algún presupuesto de laboratorios baratos.

El aficionado a la *botánica, anatomía comparada, histología, embriología,* etc., necesita, por junto, como instrumental: un *microscopio Zeiss* mediano modelo, con *concentrador luminoso Abbe;* un *objetivo de inmersión homogénea,* dos a seco y una pareja de *oculares* (400 a 500 pesetas); pequeño *microtomo* de Reichert de Schanze (150), y *algunos reactivos y materias colorantes* (de 30 a 50 pesetas). En suma, un presupuesto total de 1.000 a 1.200 pesetas[2].

---

[2] Esto se escribía hace muchos años. Claro es que hoy (1923), después de la guerra mundial, habría que aumentar estos modestos presupuestos en más de una mitad.

El *bacteriólogo* y *anatomopatólgo* han menester material algo más variado y dispendioso, aunque todavía abordable para el médico o naturalista noveles: *microscopio* igual al anterior; dos *estufas*, una de temperatura constante y otra de esterilización; *tubos de ensayo, matraces, jaulas* para animales, etc. Total: de 1.800 a 2.000 pesetas.

El *fisiólogo* podrá inaugurar sus estudios con una *caja de vivisecciones, aparato de contención*, de animales, *cilindro registrador* de Marey, *carrete de inducción, pilas eléctricas*, etc. Todo ello costará alrededor de 1.000 pesetas.

Con menos instrumental todavía satisfarán sus gustos el *zoólogo*, el *geólogo* y, sobre todo, el aficionado a la *psicología comparada y experimental*. Nada más económico ni mas cautivador para un espíritu medianamente filosófico que el estudio de los instintos; del modo de reacción de los animales en presencia de los excitantes; de las leyes del hábito y de la memoria; del efecto perturbador causado por la alteración del medio físico (variación, herencia, mutación *per saltum*, etcétera); la materia, en fin, de las observaciones y experimentos clásicos de los Fabre, Reamur, Huber, Lubbok, Forel, Perrier, Bohn, etc.

Ciertamente, mayores sacrificios impone el cultivo de la *física* y de la *química*. Requiérense a menudo el laboratorio oficial, bien provisto de costosos aparatos de medida o análisis y de potentes generadores de energía motriz. Y, sin embargo, si nuestro físico en cierne sabe encerrarse en los límites de un tema especial, perteneciente a los grandes capítulos de la electricidad, luz, radiactividad, magnetismo, etc., podrá, con ayuda de pocos instrumentos, trabajar también eficazmente a domicilio e ilustrarse con indagaciones estimables.

La norma de confinarse en uno o en corto número de temas, posee valor absoluto. Quien ambicione explotar el dominio total de una ciencia (si ello fuera posible hoy) necesitaría, además de un amplio local, disponer de un arsenal de instrumentos variadísimos, y, por consiguiente, enormemente dispendioso. He aquí un inconveniente más de la manía enciclopédica, contra la cual hemos protestado en capítulos anteriores.

Compatibilidad entre el ejercicio profesional y la labor investigadora.—Poco hay que esforzarse en demostrar que, lejos de excluirse ambas tareas, se completan e iluminan mutuamente. Para el amante de la observación, la práctica profesional constituye el mejor aliado del laboratorio. Aquélla proporciona la materia inquisitiva, a cambio de la cual éste presta al ejercicio profesional normas teóricas y soluciones prácticas.

Supongamos que el hombre de carrera sea médico con regular clientela. Sin vacilar declaramos que no ejercerá a conciencia su misión sin el concurso del laboratorio privado u oficial, donde personalmente se ocupe en dilucidar, con el microscopio y la técnica química, los arduos problemas de la clínica. Ni valga alegar que falta tiempo para ello y que a la realización de tales trabajos responden los laboratorios micrográficos y químicos dirigidos por especialistas (análisis pericial de sangre, orinas, tumores, microbios, etc.). Sin duda que estos laboratorios rinden servicios útiles, pero su eficacia máxima se obtiene solamente cuando concurre, en quien los dirige, la doble cualidad de técnico y de clínico.

Lejos estamos de condenar las excelencias de la división del trabajo. Pero convengamos en que la excesiva fragmentación de la labor científica entraña algunos inconvenientes. Uno de los cuales consiste en separar lo inseparable, es decir, en localizar en cabezas diferentes los términos de un mismo razonamiento. Alejados, el dato experimental y el juicio médico, apenas se prestan ayuda;

asociados en el mismo intelecto, se iluminan y fecundan mutuamente.

Y viniendo a nuestro asunto, ocurre preguntar ahora: si el médico, entregado a la dilucidación de los problemas prácticos, adquiere, como no puede menos de suceder, pericia experimental y dominio de los métodos analíticos, ¿qué le costaría avanzar un paso más y consagrarse, sin abandonar su profesión, a la indagación científica original? Que ello es posible, y aun hacedero y llano, pruébase con la conducta de muchos médicos prácticos del extranjero, quienes, inspirados en nobles ideales, supieron, entre las inquietudes y apremios del ejercicio profesional, organizar laboratorios privados, honrándose y honrando a su país con descubrimientos biológicos de valía. Citemos, entre mil, al ilustre Virchow, que, siendo médico de Francfort, escribió su célebre obra sobre la Patología celular; a Roberto Koch, también médico práctico, domiciliado en Potsdam, cuyas investigaciones renovaron la bacteriología con hallazgos técnicos fecundísimos y observaciones admirables; a la brillante pléyade de neurólogos de Francfort, ciudad no universitaria, donde los Weigert, los Ehrlich, los Edinger, etc., crearon valiosos métodos de investigación histológica, etc.

El investigador y la familia.—Los afanes y gastos exigidos por la creación y sostenimiento de una familia, en contraste con las mezquinas retribuciones con que el Estado sufraga la función docente, constituyen, según es harto sabido, otra de las razones alegadas por muchos de nuestros profesores para desertar del laboratorio y enderezar sus actividades a más lucrativas empresas. «La ciencia y la familia —afirman— son incompatibles. Puesto que la base física del profesor —añaden— representa mera ración de entretenimiento, ¿cómo invitar a nadie a compartirla? El sabio debe escoger, por tanto, entre su familia espiritual y su familia real; entre sus ideas y sus hijos.»

Preciso es reconocerlo, en tales exageraciones late un fondo de verdad. Los afanes del hogar restan fuerzas morales y económicas a la obra de investigación. El ideal universitario sería un monasterio, cuyos monjes, consagrados de por vida al estudio de la Naturaleza, se distrajeran un tanto de sus deberes religiosos.

Porque somos demasiado imperfectos para consagrar por igual nuestro fervor a dos nobles causas. El ansia del cielo desinteresa de la tierra. Notorio es que los psicólogos, abismados en la contemplación del espíritu, desprecian el cerebro. Quienes se preocupan del diablo, se ríen del microbio. Y la aspiración a la gloria eterna nos aleja de la gloria humana. ¡La gloria!... Vana ilusión, sin duda, pero capaz de remover montañas y de impulsar ardientemente la humanidad hacia la verdad y el bien. Como el patriotismo, la pasión de la gloria debe sugerirse y nunca analizarse.

Mas la vida cenobítica resultaría para la mayoría de los sabios intolerable sacrificio. Parece que este ideal de íntima convivencia fue realidad en la famosa escuela de Alejandría. Sin embargo, aquellos célebres geómetras y astrónomos fueron sin duda casados. Si la mujer es un mal, convengamos en que es un mal necesario. Poquísimos son los austeros para quienes la bella mitad del género humano representa algo así como vistoso ejemplar de colección ornitológica. Además, mala táctica de conquistar adeptos sería brindarles la abstención y el martirio. Sea abnegado quien pueda, pero no impongamos a nadie la abnegación.

He aquí un punto en que la tutela del Estado resulta necesaria. Es mera cuestión económica. Obligación sagrada de aquél es conciliar la obra científica con la holgada vida de familia, ahorrando al investigador dolorosas renuncias. Como todo ciudadano celoso del bien público, el científico debe hallarse en situación de satisfacer la plenitud de sus irrefrenables instintos sociales. En países más adelantados, donde se sabe harto bien que la prosperidad nacional es fruto de la ciencia, este problema económico recibió hace tiempo satisfactoria solución. Y en Alemania e Inglaterra han hecho más: en su generosidad hacia los maestros, han convertido el aula y el laboratorio en pingües sinecuras. Y el sabio ha acabado por tener firma tan acreditada en el libro científico como en el libro talonario.

En esas felices naciones se cumple siempre lo que escribía Liebig a Gerhard: «Apuntad a un fin elevado, y al fin los honores y riquezas llegarán sin que tenga uno que tomarse el trabajo de buscarlos».

Muy alejados nos hallamos todavía en España de este ideal económico. Hacia él se camina, sin embargo. Notorio es, según dejamos apuntado más atrás, que las condiciones materiales de nuestro profesorado y, en general, de los devotos del laboratorio, han mejorado mucho, gracias a plausibles iniciativas de los gobiernos [3].

---

[3] El que esto escribe, el más humilde de los profesores españoles, pecaría de ingrato si no hiciera constar un hecho que habla muy alto en pro de la generosidad de nuestros gobiernos. Bastó la mera noticia telegráfica de que el premio llamado de *Moscú,* otorgado por el Congreso Internacional Médico de París (1900), había sido adjudicado a un español, para que *incontinenti* se nos buscara en el rincón donde laborábamos en silencio y se pusiera a nuestra disposición espléndido laboratorio. La medalla de Helmholtz, y el premio Nobel, nuevos dones de nuestra buena estrella, obtenidos después (1908), sin contar las altas distinciones recibidas de las principales corporaciones científicas del mundo, nos proporcionaron la satisfacción de pensar que el modesto sacrificio hecho por el Estado español no había sido estéril para la Ciencia.

Y nuestro caso, afortunadamente, no es único. Todo el que en nuestro país ha sido consagrado por la ciencia extranjera, consigue, sin desearlas ni buscarlas, honra y prebendas. ¡A veces, hasta demasiadas!... Sepan, pues, los egoístas que anteponen siempre el galardón al merecimiento, que también en nuestra patria —y estoy por decir que mejor que en el extranjero— el cultivo serio de la ciencia constituye razonable negocio.

Pero aunque el Estado fuera sordo a nuestros clamores, no debemos amilanarnos. Sea nuestra divisa la de los grandes financieros: ganar mucho para satisfacer todas nuestras necesidades, y singularmente las de orden elevado, en vez de constreñirse a una vida de mezquina economía y de cobardes abstenciones.

Pongámonos en el peor de los casos, y veamos cómo el novel profesor puede servir a la vez su familia y sus proyectos. Doy por supuesto que nuestro catedrático reside en ciudad de provincias, de ambiente sórdido, sin posible clientela y falto, por tanto, de los recursos necesarios para satisfacer conjuntamente inexcusables exigencias del hogar y de sus queridas investigaciones.

¿Se privará de todo en aras de su vocación? ¿Vivirá solitario renunciando al matrimonio? De ninguna manera. Sirva con igual devoción sus ideales y sus buenos instintos. Para su labor, entréguese a las investigaciones baratas, que piden poco material y mucho esfuerzo. Y aproveche sus actividades sobrantes en el fomento de aquellas industrias docentes menos alejadas del blanco de sus amores: la del libro de texto y hasta de vulgarización, la de los análisis periciales y, en fin, la de la enseñanza privada. Con estos ingresos complementarios dará pábulo a sus nobles afanes, sin renunciar a legítimas expansiones del hogar. Y espere pacientemente mejores tiempos. Si su labor es realmente meritoria, el premio vendrá a sorprenderle en su rincón. A la excelsa alegría que lleva aparejado el cumplimiento austero del deber, se añadirán también el bienestar material y los halagos de la nombradía.

Contra el parecer de muchos, hemos declarado que el hombre de ciencia debe ser casado y arrostrar valerosamente las inquietudes y responsabilidades de la vida de familia.

No imitará el egoísmo de Epicuro, que no se casó por ahorrarse cuidados e inquietudes, ni el refinadísimo Napoleón, que sólo veía en la mujer una enfermera utilísima para la vejez [4]. Para el hombre de ciencia, el concurso de la esposa es tan necesario en la juventud como en la ancianidad. Como la mochila en el combate es la mujer: sin ésta se lucha con desembarazo, pero; ¿y al acabar?

En este punto sólo haremos una restricción: que el sabio tenga en cuenta su propia y especial psicología [5] antes de escoger compañera. Y sobre todo, que evite a todo trance que se la elijan los demás. Poco hay que insistir para justificar el matrimonio del sabio. En varón robusto y normal, el celibato suele ser invitación permanente a la vida irregular, cuando no a los abandonos del libertinaje. Y las ideas son flores de virtud que no abren sus corolas, o se marchitan rápidamente en el vaho de la orgía. Por otra parte, el soltero vive en plena preocupación sexual. En él la intriga galante interrumpe demasiado la marcha de la intriga especulativa. Y, según es notorio, no hay más seguro medio para despreocuparse de mujer, que satisfacer de mujer. Además, según se ha dicho muchas veces, el hogar destierra del alma el egoísmo, ennoblece el instinto sexual, genera altos anhelos sociales y fortalece el patriotismo.

¡Elección de compañera! Tocamos aquí un punto delicadísimo. ¿Qué cualidades han de adornar a la elegida de un hombre de ciencia? Cuestión gravísima, porque harto sabido es que los atributos morales de la esposa son deci-

---

[4] Conocida es la frase célebre de Bonaparte, pronunciada ante el Consejo de Estado cuando era cónsul: «Si el hombre no envejeciera, desearía que se pasase sin mujer».

[5] Aludimos aquí especialmente a los efectos de la concentración mental y del trabajo intensivo, capaces de convertir el sabio en perpetuo distraído, tan flojo y descuidado en la educación de sus hijos como en la administración de sus bienes.

sivos para el éxito de la obra científica. Muchos ciudadanos padecen mujer, pero se la padecen ellos solos; mas de la mujer del sabio sufre, a veces, la sociedad y hasta la Humanidad entera. ¡Cuántas obras importantes fueron interrumpidas por el egoísmo de la joven esposa! ¡Qué de vocaciones frustró la vanidad o el capricho femenil! ¡Cuántos profesores esclarecidos rindiéronse al peso de la coyunda matrimonial, convirtiéndose en vulgares buscadores de oro y rebajándose y esterilizándose con el acaparamiento insaciable de dignidades y prebendas[6]!

Hasta los impulsos más humanos y nobles de la esposa, cuando alcanza excesiva expansión, constituyen formidables enemigos de la labor científica. Según es notorio, alienta en la mujer el espíritu de familia, la sana tendencia a la conservación física de la raza. ¡Santo egoísmo, porque representa el supremo interés de la especie! No sin razón y profundidad ha dicho Renán: «Lo que quiere la mujer lo quiere Dios». Concentra ésta su amor y abnegación en la prole, menos exclusivo, el varón sabe distribuir sus afectos entre la familia y la sociedad. La mujer ama la tradición, adora el privilegio, siente poco la justicia y suele ser indiferente a toda obra de renovación y de progreso, al paso que el hombre verdaderamente digno de este título, el *homo socialis,* abomina de la rutina y del privilegio, venera la justicia y antepone, en muchos casos, la causa de la Humanidad al interés de la familia. Por eso, la madre anhela vivir solamente en la memoria de sus hijos, mientras que el padre ansía, además, sobrevivir en los fastos de la historia.

---

6 Podríamos citar más de veinte jóvenes de gran capacidad y excelente preparación cuya labor inquisitiva, apenas empezada, naufragó con el matrimonio. Actualmente, y por lo que toca a la biología, casi todos nuestros mejores productores son celibatarios.

Ambas tendencias, la centrípeta y la centrífuga, la de concentración y de expansión, son legítimas y necesarias. De su armonía y acomodo dependen la prosperidad de la raza y los avances de la civilización. Cuando la tendencia altruista del varón predomina demasiado, la prole decae; por el contrario, si la tendencia femenina prepondera, medra la familia, pero padecen la sociedad y el Estado. En el hogar del sabio, como en el del político honrado, reinará el espíritu de abnegación y de sacrificio, pero no hasta el punto de crear condiciones adversas al desarrollo y educación de los hijos. Porque, aun colocándonos en el punto de vista del interés colectivo, no es dudoso que las querellas y preocupaciones domésticas, cuando son continuadas, acaban por agriar la vida del pensador, dificultando por ende la prosecución de la obra científica o social.

En suma: como norma general, aconsejamos al aficionado a la ciencia buscar en la elegida de su corazón, más que belleza y caudal, adecuada psicología, esto es: sentimientos, gusto y tendencias, en cierto modo, complementarios de los suyos. No escogerá la mujer, sino *su* mujer, cuya mejor dote será la tierna obediencia y la plena y cordial aceptación del ideal de vida del esposo.

Llegados a este punto, deseará acaso el lector que, abandonando el terreno de las generalidades, definamos el tipo de mujer más adecuado al hombre de ciencia. Séanos lícito dar aquí nuestro parecer, con las naturales reservas y miramientos. Y a los que sonreían al vernos descender a estos menesteres, les diremos que no es cosa frívola aquello que, como el amor, decide de la vida. Ni es indiferente que la mujer sea para el hombre de estudios gas que lo eleve hasta el cielo o lastre que le obligue, en lo mejor de su vuelo, a *aterrizar* en el pantano.

Entre las mujeres de la clase media, donde el hombre de estudio suele buscar compañera, figuran cuatro tipos principales, a saber: la *intelectual, la heredera rica, la artista y la hacendosa.*

La *mujer intelectual,* es decir, la joven adornada con carrera científica o literaria, o que, llevada de vocación irresistible por el estudio, ha logrado adquirir instrucción general bastante sólida y variada, constituye especie muy rara en España. Hay, pues, que renunciar a tan grata compañía. Ello es sensible, sin duda, aunque los pocos ejemplares de doctoras (salvo un par de excepciones) que hemos conocido en ateneos, laboratorios y salones, parecen empeñadas en consolarnos de su inaccesibilidad.

Abunda, por lo contrario, en el extranjero esta categoría femenina, de la cual destácase, con singular prestigio, la *mujer sabia,* colaboradora en las empresas científicas del esposo, y exenta (en cuanto ello es posible) de las fantasías y frivolidades del temperamento femenil. Mujer semejante, inteligente y ecuánime, rebosante de optimismo y fortaleza, constituye la compañera ideal del investigador. Ella triunfa en el hogar y en el corazón del sabio, ciñendo la triple corona de su esposa amante, de confidente íntima y de asidua colaboradora. El caso, repetimos, no es excepcional en las venturosas naciones del norte.

¡Con qué admiración, no exenta de envidia, hemos contemplado en algunos laboratorios esas parejas dichosas, entregadas afanosamente a la misma labor, en la cual pone cada cónyuge lo más exquisito de su temperamento mental y de sus aptitudes técnicas! Sin insistir en el ejemplo conmovedor de los esposos Curie, descubridores del radio, y concentrándonos al reducido círculo de nuestras amistades y aficiones científicas, surgen en nuestra memoria las imágenes de tres admirables parejas: M. y Mme. Dejérine, de París, consagrados al estudio de la anatomía normal y patológica del cerebro; M. y Mme.

Nagotte, de la misma ciudad, entregados en común a investigaciones histológicas y neurológicas, y, en fin, los esposos O. Vogt y Cecilia Vogt, del Instituto Neurológico de Berlín, ocupados en la magna empresa de la cartografía parcelaria del cerebro humano, al modo de los astrónomos que se pasan la vida absortos en la fotografía y catalogación de las estrellas nebulosas.

Pero, repetimos, esta *ave fénix,* la doctora seria y discreta, colaboradora asidua del esposo, no se ha dignado todavía aparecer en nuestro horizonte social, donde, por caso extraño, los más grandes talentos femeninos son autodidácticos y ajenos por completo a los estudios universitarios regulares. El hombre de ciencia español debe, pues, elegir entre las otras categorías femeniles.

¿Se dirigirá hacia la *mujer opulenta?* Nos parece peligrosísimo. Habituada a una vida de molicie, de fausto y de exhibición, milagro sería que no contagiara sus gustos al esposo; repitiéndose con ello el caso del ilustre físico inglés Davy, quien por haberse enlazado con hembra linajuda, suspendió casi del todo su brillante carrera de investigador, consumiendo lo mejor de su vida en fiestas y recepciones del gran mundo.

Gran fortuna sería topar con heredera rica e ilustre que, abandonando los caprichos y vanidades del sexo, consagrara su oro al servicio de la ciencia. Admirables mujeres de este género abundan en Francia e Inglaterra. En nuestro país no hemos conocido un profesor aficionado al laboratorio para cuya obra no haya sido fatal la riqueza de la esposa. Si la discreción no sellara nuestros labios, podríamos demostrar aquí con ejemplos vivos cómo los gustos frívolamente ostentosos de la cónyuge o el egoísmo exagerado de la madre de familia han interrumpido carreras brillantes obligando al novel hombre de ciencia a trocar el estudio por la política, el microscopio por el automóvil y las redentoras veladas del laboratorio por las ociosas horas de la tertulia o del teatro.

Pero no censuremos demasiado a estas ricas hembras, excelentes en el fondo, aunque víctimas de su incultura: al fin, los reproches inacabables con que paralizan las honradas iniciativas del esposo (¿para qué esforzarte si tienes con qué vivir holgadamente?, etc.) son disculpables, y aunque se inspiran en el amor conyugal. Harto más antipáticas son esas altivas herederas que sin miramiento alguno echan en cara al infeliz consorte su condición parásita e incapacidad financiera, y que, mortificándole con diarias puyas, oblíganle a trabajar como bestia de carga a fin de sufragar por entero (la dote de la mujer se disipa en adornos, alhajas, muebles lujosos y jiras a balnearios y playas de moda) el fausto de una vida tan llena de vanidad como vacía de ideales.

¿Preferirá el sabio la *mujer artista o la literata profesional?* Salvo honrosas excepciones, tales hembras constituyen perturbación o perenne ocasión de disgustos para el cultivador de la ciencia. Desconsuela reconocer que, en cuanto goza de un talento y cultura viriles, suele la mujer perder el encanto de la modestia, adquiere aires de dómine y vive en perpetua exhibición de primores y habilidades. La mujer es siempre un poco teatral, pero la literata o la artista están siempre en escena. ¡Y luego tienen gustos tan señoriles y complicados!... Al fin, la esposa opulenta suele subvenir a sus antojos. Poco amiga de libros y revistas, curiosea solamente joyerías y tiendas de moda; pero la literata pasea con igual codicia sus miradas por los escaparates de alhajas y sombreros y por las muestras de los libreros.

No queda, pues, a nuestro sabio en cierne, como probable y apetecible compañera de glorias y fatigas, más que la *señorita hacendosa* y económica, dotada de salud física y mental, adornada de optimismo y *buen carácter,* con instrucción bastante para comprender y alentar al esposo, con la pasión necesaria para creer en él y soñar con la hora del triunfo, que ella diputa segurísimo. Inclinada a la dicha sencilla y enemiga de la notoriedad y exhibición, cifrará su orgullo en la salud y felicidad del esposo. El cual, en lugar de reconvenciones y resistencias, hallará en el hogar ambiente grato, propicio a la germinación y crecimiento de las ideas. Y si, por fortuna, sonríe la gloria, sus fulgores rodearán con una sola aureola dos frentes gemelas.

¡La gloria!... La esposa modesta la merece también, porque, gracias a sus abnegaciones, sacrificando galas y joyas para que no falten libros y revistas, consolando y confortando al genio en horas de desaliento, hizo al fin posible la ejecución de la magna empresa.

Por fortuna, ese tipo delicioso de mujer no es raro en nuestra clase media. Muy desventurado será quien, buscándola con empeño, no logre encontrarla o no sepa asociarla de todo corazón a sus destinos. El toque está en conquistarla para la obra común, en constituirse en su director espiritual, en modelar su carácter, plegándolo a las exigencias de una vida seria, de trabajo intenso y de recato austero; en hacer, en suma, de ella, según decíamos antes, un órgano mental complementario, absorbido en lo pequeño (si pequeñez puede llamarse el gobierno del hogar y la educación de los hijos), para que el esposo, libre de inquietudes, pueda ocuparse en lo grande, esto es, en la germinación y crianza de sus queridos descubrimientos y de sus especulaciones científicas.

CAPÍTULO VII

Marcha de la investigación científica

Siguiendo a los tratadistas de lógica, y singularmente a E. Naville, consideramos en toda investigación científica tres operaciones sucesivas, a saber: observación y experimentación, suposición o hipótesis y comprobación. En algún caso, la indagación misma tiene como precedente no la observación personal, sino un acto de crítica, una repugnancia sentida *a priori* por nuestro espíritu respecto de ciertas doctrinas más o menos generalmente admitidas; pero hay que convenir en que semejante desacuerdo supone a menudo algún estudio objetivo personal, siquiera sea ligero, sobre el tema o sobre materias afines del problema a resolver.

a) Observación

El consejo dado por los preceptistas literarios, y sobre el cual ha disertado muy atinada e ingenuamente Pérez de Ayala, «ver las cosas por primera vez, es decir, readmirarlas descartando reminiscencias librescas, descripciones postizas y frases y tópicos comunes, tiene en la investigación científica muy señalada aplicación». Hay que limpiar la mente de prejuicios y de imágenes ajenas, hacer el firme propósito de ver y juzgar por nosotros mismos, como si el objeto hubiera sido creado expresamente para regalo y deleite de nuestro intelecto. Es preciso, en fin, renovar en lo posible aquel estado de espíritu —mezcla de sorpresa, emoción y vivísima curiosidad— por que atravesó el sabio afortunado que descubrió el hecho considerado por nosotros o que planteó primeramente el problema.

Y esto se enlaza íntimamente con otra regla encarecida insistentemente por los maestros de la investigación científica. No basta examinar; hay que contemplar: impregnemos de emoción y simpatía las cosas observadas; hagámoslas nuestras, tanto por el corazón como por la inteligencia. Sólo así nos entregarán su secreto. Porque el entusiasmo acrecienta y afina nuestra capacidad perceptiva. Al modo del amante que sabe descubrir diariamente en su adorada nuevas perfecciones, quien contempla con delectación un objeto acaba por discernir en él detalles interesantes y propiedades peregrinas escapadas a la atención distraída de los trabajadores rutinarios.

Descendiendo ahora a más correcto terreno, formularemos algunas reglas indispensables a la buena observación en materias biológicas.

Debe realizarse en las mejores condiciones posibles, aprovechando al efecto los instrumentos analíticos más perfectos y los métodos de estudio merecedores de más confianza. A ser posible, aplicaremos varios métodos al mismo tema, y corregiremos las deficiencias de los unos con las relaciones de los otros. Escojamos la técnica más exacta, la que dé imágenes más claras y concluyentes. Importa, asimismo, evitar toda ligereza en la apreciación de los hechos, reproduciéndolos de mil maneras hasta cerciorarnos de su absoluta constancia y de no haber sido víctimas de alguna de esas falaces apariencias que extravían (particularmente en los estudios micrográficos) a los jóvenes exploradores.

Si nuestro estudio versa sobre un objeto de Anatomía, Historia Natural, etc., la observación correrá paralela al dibujo; porque, aparte otras ventajas, el acto de copiar disciplina y robustecer la atención obliga a recorrer la totalidad del fenómeno estudiado, y evita, por tanto, que se nos escapen detalles frecuentemente inadvertidos en la observación ordinaria. En ciencias naturales sólo podemos lisonjearnos de conocer una forma o una estructura cuando sepamos representarlas fácil y detalladamente. Cuando más que ciertos estudios morfológicos serían incomprensibles sin el dibujo. Razón tenía el gran Cuvier cuando afirmaba que «sin el arte del diseño la Historia Natural y la Anatomía hubieran sido imposibles» [1]. Por algo todos los grandes observadores son habilísimos dibujantes.

Cuando, a pesar de haber aplicado la técnica apropiada, la presentación del objeto no salga enteramente a nuestro gusto, hay que reproducirla cuantas veces sea preciso para obtener del método el máximo rendimiento. Será de gran provecho, al efecto, tener a la vista, para confrontarla con las nuestras, alguna preparación excelente ejecutada por el autor del método o por alguno de sus discípulos esotéricos. Tendremos presente que el hecho nuevo lo descubre, no el que lo ve primeramente, sino quien, merced a una técnica habilísima, supo mostrarlo con entera evidencia, logrando llevar la convicción al ánimo de todos. Como dejamos dicho más atrás, en las ciencias

---

[1] Citado por el notable profesor Pou y Orfila en un excelente folleto donde trata del estudio de la Anatomía: *Observaciones sobre la enseñanza de la Medicina*. Montevideo, 1906.

biológicas casi todos los grandes sabios han debido sus conquistas al dominio absoluto de uno o varios métodos de demostración o experimentación.

b) EXPERIMENTACIÓN

En muchas ciencias (la Fisiología, la Patología, la Física, la Química, etc.) la experimentación sobrepuja en importancia a la observación misma. Imposible descubrir en Física o Fisiología sin imaginar un experimento original, sin someter el fenómeno estudiado a condiciones más o menos nuevas. La Morfología misma *(Histología, Anatomía, Embriología,* etc.), para cuyo estudio parece bastar la mera observación, adquiere de día en día carácter más experimental. Y a tal cambio de rumbo débense valiosas conquistas, a las cuales jamás se hubiera llegado por el trillado camino del análisis anatómico de las formas estáticas. Entre mil ejemplos que pudiéramos citar, recordemos: la producción de *partenogénesis artificial* en la *estrella del mar* (animal sexuado), mediante la sustitución de la fecundación natural (acción del zoospermo) por el influjo del agua de mar cargada de cloruro de magnesio; los interesantes experimentos de *merogonia* (destrucción de las primeras esferas de segmentación del óvulo fecundado), ejecutados en batracios por Roux, Hertwig, Wilson, etc., demostrativos de que cada célula primitiva posee capacidad de generar un embrión entero, de donde resultaron definitivamente arruinadas las hipótesis embriogénicas de la *preexistencia* y del mosaico; los trabajos de Nageotte, Marinesco, etc., acerca de la transplantación de los nervios y ganglios, probando que la morfología de la célula nerviosa representa simple función del ambiente químico; los maravillosos resultados obtenidos por Harrison, Carrel y su escuela (Instituto Rockefeller) sobre el cultivo artificial, en serie e *in vitro,* de las células de los tejidos normales y patológicos; los interesantes experimentos de H. de Vries y de muchos modernos naturalistas acerca de la mutación de las especies y del mecanismo de la herencia, etc.

Tan admirables éxitos deben alentarnos a completar en lo posible el estudio meramente estático de las formas por la intervención del método experimental. De esta suerte provocamos alteraciones violentas en las condiciones biológicas normales de células y organismos. Simplifícase de este modo el proceso lógico de la determinación causal y del mecanismo fisicoquímico del fenómeno estudiado. Sin duda que en la observación misma se dan ya, en ocasiones, mudanzas de las condiciones fenomenales; pero semejantes mutaciones, debidas a causas naturales, son raras y episódicas, al paso que, mediante la experimentación, abrévianse los plazos y nos hacemos dueños, tanto del determinismo natural como de las causas de variación.

c) HIPÓTESIS DIRECTRIZ

Observados los hechos, es preciso fijar su significación, así como las relaciones que encadenan la nueva verdad, al conjunto de los postulados de la Ciencia. En presencia de un fenómeno insólito, el primer movimiento del ánimo es imaginar una hipótesis que dé razón y que lo subordine a alguna de las leyes conocidas. La experiencia fallará después definitivamente sobre la verosimilitud de la concepción.

Meditando sobre el carácter de las buenas hipótesis, se cae en la cuenta de que, en su mayor parte, representan generalizaciones felices o inducciones arriesgadas, en cuya virtud el hecho recién descubierto se considera provisoriamente como caso particular de un principio general o como un defecto desconocido de una causa conocida. Por ejemplo: el transformismo, tan fecundo en las ciencias biológicas, representa exclusivamente una generalización a todos los seres de la ley de herencia, sólo positivamente demostrada en la historia de cada especie. Cuando Lavoisier creó la teoría del calor animal, redujo el fenómeno respiratorio de los animales, desconocido antes en su esencia, a la ley general de la producción del calor por la oxidación del carbono, etcétera.

Para la creación de la hipótesis tendremos en cuenta las reglas siguientes: 1.ª, que la hipótesis sea obligatoria, es decir, que sin ella no quede arbitrio para explicar los fenómenos; 2.ª, que sea, además, contrastable o comprobable, o por lo menos que pueda concebirse, para un plazo más o menos remoto, su comprobabilidad, pues las hipótesis que se sustraen por completo a la piedra de toque de la observación o de la experimentación dejan en realidad los problemas sin esclarecer y no pueden representar otra cosa que síntesis artificiales coordinadoras, pero no explicativas, de los hechos, cuando no meras explicaciones verbales, 3.ª, que sea fácilmente imaginable, es decir, traducible en lenguaje fisicoquímico, y si es posible, como quería lord Kelvin, en puro mecanismo (las hipótesis oscuras o demasiado abstractas corren riesgo de constituir vacías explicaciones verbales); 4.ª, que huyendo de propiedades ocultas y de esencias metafísicas, propenda a resolver las cuestiones de calidad en problemas de cantidad; 5.ª, y que sugiera, a ser posible, también investigaciones y controversias que, si no zanjan la cuestión, nos aproximen al menos al buen camino, promoviendo nuevas y más felices concepciones *(hipótesis de trabajo*, de Weismann). Aun siendo errónea, una hipótesis puede servir eficazmente al progreso con tal que esté basada en nuevas observaciones y marque una dirección original al pensamiento científico. Y en todo caso, la explicación rechazada por falsa siempre tendrá una ventaja: la de restringir, por exclusión, el campo de lo imaginable, eliminando soluciones inaceptables y causas de error. Con razón dice Le Bon «que quien rehúsa escoger la hipótesis por guía debe resignarse a tomar el azar por maestro».

Muchos sabios ilustres, y singularmente el gran físico Tyndall, han insistido elocuentemente sobre la importancia de las hipótesis en la Ciencia, y acerca del importante papel desempeñado por la imaginación en la creación de buenas y fecundas teorías. De acuerdo, por nuestra parte, creemos que si la hipótesis es un arma de que se abusa demasiado, es también un instrumento lógico, sin el cual ni la observación misma, con ser de suyo tan pasiva, puede realizarse. Buena o mala, una conjetura, un intento de explicación cualquiera, será siempre nuestro guía, pues nadie busca sin plan.

Aun los llamados hallazgos causales se deben comúnmente a alguna idea directriz que la experiencia no sancionó, pero que tuvo virtud, no obstante, para llevarnos a un terreno poco o nada explorado. Si se me perdonara lo vulgar del símil, diría que en estas materias sucede lo que con las personas conocidas, que aparecen en la calle entre la multitud de transeúntes en el preciso instante en que pensamos en ellas, por la razón bien sencilla de que, cuando en ellas no pensamos, pasan cerca de nosotros sin percatarnos de su presencia. Impulsados por la hipótesis, acaso ocurriría sorprender en los hechos diversa cosa que lo buscado; pero mejor es esto que no encontrar nada, que es justamente lo que le sucede al mero e impasible contemplador de los fenómenos naturales. Como dice Peisse, «el ojo no ve en las cosas más que lo que mira en ellas, y no mira sino lo que está en idea en el espíritu».

Inútil será recordar que todos los grandes investigadores han sido fecundos creadores de hipótesis. Con profundo sentido se ha dicho que ellas son el primer balbuceo de la razón en medio de las tinieblas de lo desconocido; la sonda tendida en el misterioso abismo; el puente, en fin, aéreo y audaz que junta la playa familiar con el inexplorado continente.

De las hipótesis se ha abusado mucho. Es fuerza, sin embargo, reconocer que sin ellas nuestro caudal de hechos positivos resultaría harto mezquino, acrecentándose muy lentamente. Las hipótesis y el dato objetivo están ligados por estrecha relación etiológica. Aparte su valor conceptual o explicativo, entraña la teoría valor instrumental. «El científico no debe olvidar, afirma Huxley, que la hipótesis debe considerarse como un medio, jamás como un fin.» Observar sin pensar es tan peligroso como pensar sin observar. Ella es nuestra mejor herramienta intelectual; herramienta, como todas, susceptible de mellarse y de enmohecerse, necesitada de continuas reparaciones y sustituciones, pero sin la cual fuera casi imposible labrar honda brecha en el duro bloque de lo real.

Difícil es dictar reglas para imaginar hipótesis. Quien no posea cierta intuición del encadenamiento causal, instinto adivinatorio para columbrar la idea en el hecho y la ley en el fenómeno, pocas veces dará, cualquiera que sea su talento de observador, con una explicación razonable. Cabe, empero, señalar, por lo que toca a las hipótesis biológicas, algunos conceptos o normas generales, cuyo recuerdo podrá ser provechoso a la hora de imaginar hipótesis explicativas.

He aquí algunas de ellas:

1. *La Naturaleza emplea los mismos medios para iguales fines*.—En virtud de este principio, que tiene pocas excepciones, nos será dado en muchos casos reducir una disposición desconocida en otra conocida. Por ejemplo: cuando la *mitosis* o *kariokinesis* fue descubierta en las gruesas células de las larvas de trifón y salamandra, pudo racionalmente esperarse hallar parecidos fenómenos en la división celular del hombre y vertebrados superiores, así en estado normal como en condiciones patológicas, y, en efecto, la experiencia confirmó la presión. Citemos otro ejemplo: esclarecida en los vertebrados, gracias a las investigaciones de Kühne, Krause, Ranvier, etcétera, la terminación libre, mediante arborizaciones varicosas, de las fibras nerviosas motrices y sensitivas, podía preverse, en virtud de la citada ley, que el hecho se repetiría en los centros nerviosos, no sólo de los vertebrados, sino de los invertebrados. Y esta sospecha racional vino a ser luego plenamente confirmada por nosotros, por Kelliker, Lenhosseék, Van Gehuchten, etc., para los vertebrados, y por Retzius, Lenhosseék y otros, para los invertebrados. Inútil multiplicar los ejemplos.

2. *Estudio del hecho en sus formas sencillas*.—Puesto que la ontogenia y la filogenia representan dos series casi paralelas de forma que van de lo sencillo a lo complicado, nada mejor podemos hacer, para esclarecer la estructura de un órgano complejo y casi inabordable en los vertebrados superiores, que estudiar éste en sus formas simples, ora del desarrollo individual, ora de las especies. Método excelente es, para determinar la significación de una cosa,

averiguar cómo llega a ser lo que es; porque al señalar el lugar que ocupa en la cadena evolutiva, esclarecemos, sin pensarlo, su valor anatómico y fisiológico.

3. *Toda disposición natural, por caprichosa que parezca, obedece a un fin utilitario.*—Abstracción hecha de los órganos atróficos, este principio teológico es aplicable a todas las particularidades de estructura de animales y plantas. Al enunciar esta ley, no pretendemos, como supusieron Linneo, Cuvier y Agassiz, que cada órgano represente una encarnación directa del Principio creador; pretendemos tan sólo consignar que, sea cualquiera la causa, todo órgano conservado por la Naturaleza, es decir, fijado durante miles de años por la herencia, representa casi siempre disposición útil al individuo o a la especie, ya que las organizaciones superfluas o desfavorables provocadas por variación, y otras condiciones, acaban por ser eliminadas. En armonía con este principio, atribuiremos una función importante a cuantos órganos o tejidos se mantienen tenazmente en la serie animal, y una actividad menos urgente, por lo menos para la vida del individuo, a aquellos otros exiguamente representados en la escala zoológica. De este postulado usa y abusa continuamente el fisiólogo al tratar de interpretar el dinamismo de órganos como los de la circulación, digestión y locomoción: dinamismo en el cual tanta luz arroja nuestro conocimiento de la Física y de la Química, o, como decía Letamendi, el *estado actual de nuestros conocimientos industriales*.

Hay excepciones, sin duda, del citado principio utilitario; mas éstas son pocas y fácilmente explicables por el hecho de la adaptación reciente, y por tal incompleta, a condiciones nuevas (órganos atróficos por desuso, etcétera). Sobre estas incongruencias biológicas, más comunes todavía en el hombre que en los animales, consecuencias del principio de Lamarck del uso o desuso de los órganos, discurre ingeniosamente Metchnikoff en sus *Estudios sobre la naturaleza humana*.

La hipótesis aplícase siempre, según es sabido, a explicar los hechos adquiridos. Sin entrar en el arduo problema filosófico de la *explicación científica* (esto implicaría desarrollos impropios de este librito), haremos notar que el entendimiento, al considerar los fenómenos naturales, puede adoptar una de estas dos actitudes, ambas satisfactorias para nuestra necesidad de certeza:

1.ª El hecho nuevo es referido a una ley conocida (explicación *legalista* de Meyerson).

2.ª El hecho nuevo, además de su *legalidad,* es decir, de su vinculación a una ley general, resuélvese también ante la razón en puro *mecanismo,* y entra dócilmente en las ecuaciones de la dinámica. Esta segunda manera de explicación representa para Maxwell y para la mayoría de los fisicofilósofos modernos un grado superior de comprensión científica, y requiere el empleo de teorías generales jerárquicamente superiores a las leyes empíricas.

Fuerza es confesar que nuestro entendimiento exige imperiosamente teorías concebibles, representables en términos mecánicos. Lo que se resiste a la representación material corre mucho riesgo de ser un mero juego de la imaginación sin realidad objetiva. La razón psicológica de tal necesidad se nos escapa aún. Acaso dependa de que, como diría Bergson, modelados nuestros conceptos sobre lo *discontinuo* de la sensación, la imaginación sólo saber forjar, como representación última de las cosas, algo semejante al dato sensorial mismo, es decir, variaciones en el movimiento de partes discontinuas, perturbaciones en la configuración y dinamismo de sistemas materiales.

En Física, en Química, en Astronomía, las explicaciones hipotéticas por *reducción* mecánica son comunísimas, y el investigador debe inspirarse en ellas para dar forma plástica a sus ideas y llevar adelante sus especulaciones; en Anatomía, Biología, Patología, etc., habremos de contentarnos casi siempre con *hipótesis legalistas,* las cuales, si no dejan plenamente saciado nuestro afán de comprensión, son suficientes para satisfacer estos dos grandes anhelos de la razón: actuar y prever:

Comprobación.—Imaginada la hipótesis, menester es someterla a la sanción de la experiencia, para lo cual escogeremos experimentos y observaciones precisas, completas y concluyentes. Imaginar buenos experimentos es uno de los atributos característicos del ingenio superior, el cual halla manera de resolver de una vez cuestiones que los sabios mediocres sólo logran esclarecer a fuerza de largos y fatigosos experimentos.

Si la hipótesis no se conforma con los hechos hay que rechazarla sin piedad, e imaginar otra explicación exenta es uno de los atributos característicos del ingenio superior, el cual halla manera de resolver de una vez cuestiones que los sabios mediocres sólo logran esclarecer a fuerza de largos y fatigosos experimentos.

Si la hipótesis no se conforma con los hechos hay que rechazarla sin piedad, e imaginar otra explicación exenta de reproche. Impongámonos severa autocrítica, basada en la desconfianza de nosotros mismos. Durante el proceso de comprobación, pondremos la misma diligencia en buscar los hechos contrarios a nuestra hipótesis que los que puedan favorecerla. Evitemos encariñamientos excesivos con las propias ideas, que deben hallar en nosotros, no un abogado, sino un fiscal. El tumor, aunque propio, debe ser extirpado. Harto mejor es rectificar nosotros que sufrir la corrección de los demás. Por nuestra parte, no sentimos la menor mortificación al abandonar nuestras ideas, porque creemos que caer y levantarse sólo revela pujanza; mientras que caer y esperar una mano compasiva que nos levante, acusa debilidad.

Confesaremos, sin embargo, los propios dislates siempre que alguien nos lo demuestre, con lo cual obraremos como buenos; probando que sólo nos anima el amor a la verdad, granjearemos superior consideración y estima para nuestras opiniones.

El amor propio y la soberbia nos arrebatan el placer soberano de sentirnos escultores de nosotros mismos, la fruición incomparable de habernos corregido y superado, refinado y perfeccionado nuestra máquina cerebral, legado de la herencia. Si alguna vez es disculpable el engreimiento es cuando la voluntad nos automodela o *recrea,* actuando, por decirlo así, en función de demiurgo soberano.

Si nuestro orgullo opone algunos reparos, tengamos en cuenta que, mal que nos pese, todos nuestros artificios serán impotentes para retardar el triunfo de la verdad, que se consumará, por lo común, en vida nuestra, y será tanto más lamentable cuanto más enérgica haya sido la protesta del amor propio. No faltará, sin duda, algún espíritu displicente, y acaso malintencionado, que nos eche en cara nuestra inconsecuencia, despechado sin duda porque nuestra espontánea rectificación le privó de fácil victoria obtenida a costa nuestra, mas a éstos les contestaremos que el deber del hombre de ciencia no es petrificarse en el error, sino adaptarse continuamente al nuevo medio científico; que el vigor cerebral está en moverse, no en anquilosarse, y que en la vida intelectual del hombre, como en la de las especies zoológicas, lo malo no es la mudanza, sino la regresión y el atavismo. Variación supone vigor, plasticidad, juventud; fijeza es sinónimo de reposo, de pereza cerebral, de petrificación de pensamiento, en fin, de inercia mental, nuncio seguro de decrepitud y de muerte[2]. Con sinceridad simpática ha dicho un científico: «Varío porque estudio». Todavía sería más noble y modesto declarar: «Cambio porque estudian los demás y tengo a gala renovarme».

Cuando el trabajo de confirmación arroje poca luz, imaginemos nuevos experimentos y procuremos colocarnos en las mejores condiciones para valuar el alcance de la hipótesis. En Anatomía o Fisiología, por ejemplo, ocurre frecuentemente la imposibilidad de esclarecer la estructura o la función de un órgano completo; lo cual depende de que atacamos el problema por su lado más difícil, pretendiendo resolverlo en el hombre o en los verte-

---

[2] El culto a la consecuencia, que en política pasa por virtud, en ciencia resulta casi siempre señal inequívoca de orgullo o de cortedad de luces. La variabilidad es uno de los rasgos que mejor traducen la honradez del investigador. En nuestro concepto, quien no sepa abandonar una opinión falsa se declara a sí mismo necio, viejo o ignorante; porque, en efecto, sólo los tontos, los decrépitos y los que no leen se obstinan en el error. Los consecuentes a ultranza parecen declarar con un olímpico desdén a toda novedad científica: «valgo y sé tanto, que todo cuanto la ciencia descubra no me hará corregir en un ápice mis opiniones». El cerebro es un árbol cuyo ramaje se desarrolla y complica con el estudio y la meditación; pretender, pues, que en materias opinables no cambie, es querer que el árbol futuro no pase de arbusto o no críe jamás ramas torcidas. La ciencia nos enseña que el hombre, en el transcurso de su vida, se renueva material y mentalmente muchas veces; que en la vida individual hay diversos *avatares* que llegan casi a interrumpir la continuidad de la conciencia y el sentimiento de la propia personalidad. Las nuevas lecturas y la mudanza del medio moral e intelectual cambian y mejoran continuamente el ambiente interior y depuran y refinan nuestros juicios. Transcurridos los cincuenta años, ¿quién se atreverá a defender sinceramente todas las concepciones de su personalidad de los veinte, es decir, del pasar de la juventud inexperta y generosa?

brados superiores. Mas si acudimos a los embriones o a los animales inferiores, la Naturaleza se nos muestra más ingenua y menos esquiva, ofreciéndonos el plan casi esquemático de la estructura y dinamismo buscados, con lo que a menudo nuestra hipótesis recibirá inesperada y definitiva comprobación.

En resumen, la marcha seguida por el investigador en la conquista de una verdad científica, suele ser: 1.º Observación de los hechos demostrados, a favor de métodos terminantes, claros y de gran precisión. 2.º Experimentación para crear condiciones nuevas en la manifestación de los fenómenos. 3.º Crítica y eliminación de una interpretación racional de los hechos, en cuya virtud éstos queden subordinados a una ley general y, si es posible, a una representación o esquema fisicoquímico. 4.º Comprobaciones de la hipótesis mediante nuevas observaciones o repetidos experimentos. 5.º De no concordar con la realidad, sustitución de la hipótesis por otra, que será a su vez sometida a riguroso análisis objetivo. 6.º Aplicaciones y ramificaciones de la hipótesis, ya convertida en verdad firme, a otras esferas del saber.

CAPÍTULO VIII

Redacción del trabajo científico

a) Justificación de la comunicación científica

Mr. Billings, sabio bibliotecario de Washington, agobiado por la tarea de clasificar miles de folletos, en donde, con diverso estilo, dábanse a conocer casi los mismos hechos, o se exponían verdades ya de antiguo sabidas, aconsejaba a los publicistas científicos la sumisión a las siguientes reglas: 1.ª, tener algo nuevo que decir; 2.º, decirlo; 3.ª, callarse en cuanto queda dicho, y 4.º, dar a la publicación título y orden adecuados.

He aquí un recuerdo que no creemos inútil en España, país clásico de la hipérbole y de la dilución aparatosa. En efecto, lo primero que se necesita para tratar de asuntos científicos, cuando no nos impulsa la misión de la enseñanza, es tener alguna observación nueva o idea útil que comunicar a los demás. Nada más ridículo que la pretensión de escribir sin poder aportar a la cuestión ningún positivo esclarecimiento, sin otro estímulo que lucir imaginación calenturienta, o hacer gala de erudición pedantesca con datos tomados de segunda o tercera mano.

Al tomar la pluma para redactar el artículo científico, consideremos que podrá leernos algún sabio ilustre, cuyas ocupaciones no le consienten perder el tiempo en releer cosas sabidas o meras disertaciones retóricas. De este pecado capital adolecen, por desgracia, muchas de nuestras oraciones académicas. Numerosas tesis de doctorados, y no pocos artículos de nuestras revistas profesionales, parecen hechos no con ánimo de aportar luz a un asunto, sino de lucir la facundia y salir de cualquier modo, y cuanto más tarde mejor (porque, eso sí, lo que no va en doctrina va en *latitud),* del arduo compromiso de escribir, sin haberse tomado el trabajo de pensar. Nótese cuánto abundan los discursos encabezados con estos títulos, que parecen inventados por la pereza misma: *Idea general de... en Introducción al estudio de... Consideraciones generales acerca de... Juicio crítico de las teorías de... Importación de la ciencia tal o cual...,* títulos que dan al escritor la incomparable ventaja de esquivar la consulta bibliográfica, despachándose a su gusto en la materia, sin obligarse a tratar a fondo y seriamente cosa alguna. Con lo cual no pretendemos rebajar el mérito de algunos trabajos perfectamente concebidos y redactados que, de tarde en tarde, ven la luz con los consabidos o parecidos enunciados.

Asegurémonos, pues, merced a una investigación bibliográfica cuidadosa, de la originalidad del hecho o idea que deseamos exponer, y guardémonos además de dar a luz prematuramente el fruto de la observación. Cuando nuestro pensamiento fluctúa todavía entre conclusiones diversas y no tenemos plena conciencia de haber dado en el blanco, ello es señal de haber abandonado harto temprano el laboratorio. Conducta prudente será volver a él y esperar a que, bajo el influjo de nuevas observaciones, acaben de cristalizar nuestras ideas.

b) Bibliografía

Antes de exponer nuestra personal contribución al tema de estudio, es costumbre trazar la historia de la cuestión, ya para señalar el punto de partida, ya para rendir tributo de justicia a los sabios insignes que nos precedieron, abriéndonos el camino de la investigación. Siempre que en este punto, por amor a la concisión o por pereza, propenda el novel investigador a regatear fechas y citas, considere que los demás podrán pagarle en la misma moneda, callando intencionadamente sus trabajos. Conducta es ésta tan poco generosa como descortés, dado que la mayor parte de los sabios no suelen obtener de sus penosos estudios más recompensa que la estima y aplauso de los doctos, que constituye —lo hemos dicho ya— minoría insignificante.

El respeto a la propiedad de las ideas sólo se practica bien cuando uno llega a ser propietario de pensamientos que corren de libro en libro, unas veces con nombre de autor, otras sin él, y algunas con paternidad equivocada. Al ser víctimas de molestas postericiones y de injustos silencios, se cae en la cuenta de que cada idea es una *criatura científica* cuyo autor, que le dio el ser a costa de grandes fatigas, exhala, al ver desconocida su paternidad, los mismos ayes doloridos que exhalaría una madre a quien arrebataran el fruto de sus entrañas.

Dispuestos a hacer justicia, hagámosla hasta en la forma; y así no dejemos de ordenar, por rigurosa cronología, las listas de nombres o de *cartuchos de citas* que, por brevedad, es preciso a veces consignar al dar cuenta de un descubrimiento; pues si tales series de apellidos se han de ordenar con lógica, es menester comenzarlas por el iniciador y acabarlas por los confirmadores y perfeccionadores. Un estudio minucioso y de primera mano de la bibliografía nos ahorrará injusticias, y por ende las inevitables reclamaciones de prioridad.

c) JUSTICIA Y CORTESÍA EN LOS JUICIOS

Al consignar los antecedentes históricos, nos vemos obligados con frecuencia a formular juicios acerca del alcance de la obra ajena. Excusado es advertir que, en tales apreciaciones, debemos conducirnos no sólo con imparcialidad, sino haciendo gala de exquisita cortesía y de formas agradables y casi aduladoras. Indulgentes con las equivocaciones del servicio, seremos respetuosos y modestos ante los *lapsus* de los grandes prestigios científicos. Temamos siempre que nuestras observaciones representen ligerezas de la impaciencia o espejismos del entusiasmo juvenil. Antes, pues, de resolvernos a repudiar un hecho o una interpretación comúnmente admitidos, reflexionemos maduramente. Y tengamos muy en cuenta, al formular nuestros reparos, que si entre los sabios se dan caracteres nobles y bondadosos, abundan todavía más los temperamentos quisquillosos, las altiveces cesáreas y las vanidades exquisitamente susceptibles. La frase horaciana *genus irritabile vatum,* aplícase a los sabios mejor aun que a los poetas. Ya lo nota el perspicaz Gracián: «Los sabios fueron siempre mal sufridos; quien añade ciencia añade impaciencia».

Con estas preocupaciones evitaremos en lo posible desdenes sistemáticos hacia nuestra obra y querellas y polémicas envenenadas, en las cuales perderíamos tranquilidad y tiempo, sin ganar pizca de prestigio ni autoridad. Porque en la apreciación de nuestros méritos sólo tendrán en cuenta los hechos nuevos aportados, y no la destreza y garbo polémicos.

Cuando, injustamente atacados, nos veamos compelidos a defendernos, hagámoslo hidalgamente, esgrimiendo la espada, pero con la punta embotada y adornada, según la imagen vulgar, con ramillete de flores.

Da pena reconocer que, en la mayoría de los casos, los impugnadores no defienden una doctrina, sino su propia infalibilidad. Muy acertadamente nota Eucken que, so color de refutar principios, «cada cual se defiende a sí mismo y a su propia naturaleza... Es el instinto de conservación espiritual que reacciona».

Cuando por nuestro mal tengamos que contender con contradictores de este jaez (resulta, a veces, inevitable, porque toda verdad exaspera a los mantenedores del error), fuera inocente confiar en persuadirlos. No es a ellos, sino al público, a quien debemos mirar. Aportemos pruebas terminantes; robustezcamos en lo posible la tesis con nuevos datos objetivos, y pasemos en silencio ataques personales e insidias polémicas. Porque en tales torneos importa, antes que defendernos, defender la verdad.

Por olvidar estas sabidas reglas de prudencia y discreción, ¡cuántas desazones y sinsabores! Réplicas acres y violentas y silencios rencorosos reconocen casi siempre por causa nuestra falta de urbanidad y comedimiento al exponer y valorar el trabajo de los demás.

Citemos algunos datos concretos para adoctrinar al principiante. De ordinario, las críticas afectan, ya a errores de hecho o de observación, ya a errores de intervención.

a) *Error de observación o de reconocimiento de un hecho.*—En general, los sabios discuten sobre interpretaciones, no sobre hechos, por suponer que el investigador, por modesto que sea, es incapaz de lanzarse a la tarea analítica sin preparación suficiente. Por esto precisamente, tales *lapsus* repútanse graves, denotando en quien los comete singular candor intelectual o inexperiencia metodológica. Sin embargo, guardémonos bien de ensañarnos al hacer constar el dislate, seamos piadosos y tengamos presente que en momentos de distracción o descuido hasta los sabios más sagaces pueden cometerlo. Lejos de censurarlo crudamente, disculpémoslos con benevolencia, haciendo notar que se trata de observaciones muy difíciles, donde las equivocaciones resultan frecuentes y casi inevitables. No imputemos el error a la ignorancia, antes bien, a la imperfección de la técnica aprovechada o a los prejuicios de la escuela donde se inspiró el trabajo censurado.

Cuando, a despecho de la mejor voluntad, tales excusas parezcan inadmisibles, atribúyase la pifia al empleo de material insuficiente o poco apropiado, añadiendo que si el autor hubiera hecho uso de iguales objetos de estudio que nosotros, habría llegado sin duda a las mismas conclusiones, ya que le sobran para ello talento y pericia harto acreditados en anteriores publicaciones. En fin, tratemos de consolarle, insistiendo con morosidad, ora sobre las minucias más o menos originales contenidas en su trabajo, ora en las excelencias y precisión de los dibujos. En suma, nuestras expresiones se dirigirán principalmente a endulzar las amarguras del veredicto, llevando al ánimo de nuestro adversario la persuasión de que sus afanes no han sido enteramente inútiles a los progresos de la Ciencia.

b) *Error teórico.*—Supongamos que, interpretando abusivamente los hechos, el autor formuló una hipótesis arbitraria y sin base alguna en la observación. La píldora crítica será dorada con frases de este tenor: «Ciertamente, la explicación propuesta peca de aventurada, pero, en cambio, es notablemente ingeniosa, sugiere consideraciones muy elevadas y acredita en su autor espíritu filosófico de altos vuelos. ¡Lástima grande que al forjar su concepción no haya tenido en cuenta tales o cuales hechos que la contradicen formalmente! En todo caso, la hipótesis es seductora y merece discusión y examen respetuoso».

En fin, tan trivial y grosera puede ser la interpretación teórica, que hasta la disculpa parezca adulación. Entonces lo mejor será pasarla en silencio, mentando escuetamente, como en el caso anterior, las observaciones exactas (si las hay) y el mérito literario, filosófico y pedagógico del trabajo.

d) Exposición de los métodos

Importa asimismo puntualizar, bien al principio, bien al final de la monografía, el método o métodos de investigación seguidos por el autor, sin imitar a esos sabios que, a título de mejorarla ulteriormente, se reservan temporalmente el monopolio de la técnica empleada, restaurando la casi perdida costumbre de los químicos y matemáticos de las pasadas centurias, los cuales, inspirados en la pueril vanidad de asombrar a las gentes con el poder de su penetración, se reservaban los detalles de los procedimientos que les habían conducido a la verdad. Afortunadamente, el esoterismo va desapareciendo del campo de la Ciencia, y el mero lector de una revista puede conocer hoy las minucias y *tours de main* de ciertos métodos casi tan bien como los íntimos del descubridor.

e) Conclusiones

Expuesta en forma clara, concisa y metódica la observación u observaciones fruto de nuestras pesquisas, cerraremos el trabajo condensando en un corto número de proposiciones los datos positivos aportados a la Ciencia y que han motivado nuestra intervención en el asunto.

Conducta que no todos siguen, pero que nos parece por todo extremo loable, es llamar la atención del lector sobre los problemas todavía pendientes de solución, a fin de que otros observadores apliquen sus esfuerzos y completen nuestra obra. Al señalar a los sucesores la dirección de las nuevas pesquisas y los puntos que nuestra diligencia no ha logrado esclarecer, damos, al par que fácil y generoso asidero a los jóvenes observadores ansiosos de reputación, ocasión de pronta y plena confirmación de nuestros descubrimientos.

f) Necesidades de los grabados

Si nuestros estudios atañen a la morfología, ora macro, ora microscópica, será de rigor ilustrar las descripciones con figuras copiadas todo lo más exactamente posible del natural. Por precisa y minuciosa que sea la descripción de los objetos observados, siempre resultará inferior en claridad a un buen grabado. Cuanto más, que la representación gráfica de lo observado garantiza la exactitud de la observación misma y constituye un precedente de inapreciable valor para quien pretenda confirmar nuestras aseveraciones. Con justo motivo se otorga hoy casi igual mérito al que dibuja por primera vez y fielmente un objeto, que al que lo da a conocer solamente mediante descripción más o menos incompleta.

Si los objetos representados son demasiado complicados, a los dibujos exactos que copian formas o estructuras, añadiremos esquemas o semiesquemas aclaratorios, en fin, en algunos casos podrá prestarnos importantes servicios la fotografía común y la microfotografía, suprema garantía de la objetividad de nuestras descripciones.

g) El estilo

Finalmente, el estilo de nuestro trabajo será genuinamente didáctico; sobrio, sencillo, sin afectación, y sin acusar otras preocupaciones que el orden y la claridad. El énfasis, la declamación y la hipérbole no deben figurar jamás en los escritos meramente científicos, si no queremos perder la confianza de los sabios, que acabarán por tomarnos por soñadores o poetas, incapaces de estudiar y razonar fríamente en cuestión. El escritor científico aspirará constantemente a reflejar la realidad objetiva con la perfecta serenidad e ingenuidad de un espejo, dibujando con la palabra, como el pintor con el pincel, y abandonando, en fin, la pretensión de estilista exquisito y el fatuo alarde de profundidad filosófica. Ni olvidemos la conocida máxima de Boileau: «Lo que se concibe bien, se enuncia claramente».

La pompa y gala del lenguaje estarán en su lugar en el libro de popularización, en las oraciones inaugurales, hasta en el prólogo o introducción a una obra científica docente; pero hay que confesar que la mucha retórica produce, tratándose de una monografía científica, efecto extraño y un tanto ridículo.

Sin contar que los afeites retóricos prestan a menudo a las ideas contornos indecisos, y que las comparaciones innecesarias hacen difusa la descripción, dispersando inútilmente la atención del lector, que no necesita ciertamente, para que las ideas penetren en su caletre, de la evocación continua de imágenes vulgares. En este concepto, los escritores, como las lentes, podrían distinguirse en *cromáticos* y *acromáticos;* estos últimos, perfectamente corregidos de la manía dispersiva, saben condensar con toda precisión las ideas que por la lectura o la observación recolectan, mientras que los primeros, faltos de freno de la corrección, gustan de ensanchar con irisaciones retóricas, con franjas de brillantes matices, los contornos de las ideas; lo que no se logra sino a expensas del vigor y de la precisión de las mismas.

En literatura, como en la oratoria, los entendimientos cromáticos o dispersivos pueden ser de gran utilidad, pues el vulgo, juez inapelable de la obra artística, necesita del *embudo de la retórica* para poder tragar algunas verdades; pero en la exposición y discusión de los temas de ciencia pura, el público es un senado escogido y culto, y ofenderíamos de seguro su ilustración y buen gusto tomando las cuestiones demasiado *ab ovo* y perdiéndonos en amplificaciones declamatorias y detalles ociosos. Esta máxima de Gracián, alabada por Schopenhauer, «Lo bueno, si breve, dos veces bueno», debe ser nuestra norma. Suyo es también este consejo: «Hase de hablar como en testamento; que a menos palabras menos pleito».

Una severa disciplina de la atención, la costumbre de dar a la acción y al pensamiento mayor importancia que a la palabra, así como la creencia de que, después de inventada una imagen o una frase feliz, el problema científico que estudiamos no ha dado un solo paso hacia la solución, constituyen excelente profilaxis contra lo que *Fray Candil* llamaba gráficamente *flatulencia retórica,* que nosotros consideramos como manifestación del meridionalismo superficial y causa muy poderosa de nuestro atraso científico.

h) Publicación del trabajo científico

Cuando el investigador goce de crédito mundial, podrá publicar sus contribuciones científicas en cualquiera revista nacional o extranjera de la especialidad. Los sabios a quienes el asunto interese no se detendrán en el obstáculo de la lengua, antes bien, procurarán estudiarla para conocer el pensamiento del autor o buscarán editores que lo traduzcan y publiquen. Sin embargo, aun al sabio más reputado le es necesario, para ganar tiempo y conquistar adeptos en el exterior, comunicar sus descubrimientos a los *Beiträge* o *Centralblatt* más divulgados de Alemania. En cuanto al principiante, sin crédito todavía en el mundo sabio, obrará muy cuerdamente pidiendo, desde luego, hospitalidad en las grandes revistas extranjeras y redactando o haciendo traducir su trabajo en francés, inglés o alemán.

De esta suerte, el nuevo hecho será rápidamente conocido de los especialistas, y si posee positivo valor, tendrá el autor la grata sorpresa de verlo confirmado y aprobado por las grandes autoridades internacionales. Quienes, inspirándose en un patriotismo estrecho y ruin, se obstinan en escribir exclusivamente en revistas españolas, poco o nada leídas en los países sabios, se condenan a ser ignorados hasta dentro de su propia nación, porque como habrá de faltarle siempre el *exequatur* de los grandes prestigios europeos, ningún compatriota suyo, y menos los de su gremio, osarán tomarlos en serio y estimarlos en su verdadero valer.

Siendo, pues, decisivo para el porvenir del incipiente investigador el juicio de las autoridades científicas extranjeras, reflexionará maduramente antes de someterles el primer trabajo; asegúrese bien, mediante prolijas exploraciones bibliográficas, y aun mejor por la consulta de algún especialista célebre, de la realidad y originalidad del hecho comunicado. Y no olvide que el derecho a equivocarse se tolera solamente a los consagrados.

CAPÍTULO IX

El investigador como maestro

Llegada la época constructiva y dominadas las dificultades del trabajo científico, imaginamos a nuestro novel investigador en posesión de la madurez y robustez necesarias para su multiplicación espiritual. La noble carrera fue seguida hasta el fin, el ideal ansiado logróse por entero. Convertido en autoridad internacional, el maestro es citado con encomio en las revistas extranjeras, la originalidad e importancia de sus creaciones asegúranle página honorífica en el libro de oro de la ciencia.

En tan decorosa situación, puede adoptar el sabio una de estas dos actitudes: proseguir concentrado y solitario sus empresas de laboratorio, condenándose a la esterilidad docente, o hacer a los demás copartícipes de sus métodos de estudio, promoviendo vocaciones y erigiéndose en prestigioso jefe de escuela.

Entre ambos caminos la elección no es dudosa. Ciertamente, el trabajo solitario brinda al egoísmo satisfacciones y tranquilidades tentadoras; se obedece a la ley del mínimo esfuerzo, dirigiendo exclusivamente la atención a la investigación personal; se vive en un discreto ambiente de aprobación y estima, donde faltan, sin duda (y ello es gran ventaja), los entusiasmos y veneraciones excesivas, pero donde tampoco mortifican émulos y rivales. Mas al adoptar tan cómoda postura, el instinto partenal del hombre de ciencia siéntese profundamente inquieto. «¿Qué será de mi obra —se pregunta— cuando llegada la senectud falten energías para defenderla? ¿Quiénes reivindicarán la prioridad de mis hallazgos, si, por ventura, adversarios o sucesores poco escrupulosos se los apropian o incurren, al juzgarnos, en olvidos e injusticias?»

Aun miradas las cosas desde el punto de vista egoísta —de un egoísmo sano y clarividente—, importa al sabio proceder a su multiplicación espiritual. La tarea es, sin duda, penosa. La actividad del maestro bifúrcase en las corrientes paralelas del laboratorio y de la enseñanza. Crecerán así sus desvelos, pero aumentarán también sus venturas. Sobre dar pábulo a elevadas tendencias, alcanzará el deleite de la paternidad ideal, y sentirá el noble orgullo de haber cumplido honradamente con su doble misión de maestro y de patriota. Ya no declinará su vida triste y solitaria; antes bien, se verá en su ocaso rodeado de un séquito de discípulos entusiastas, capaces de comprender la obra del maestro y de hacerla, en lo posible, luminosa y perenne.

La posteridad ha sido siempre generosa con los fundadores de escuela. Hasta los errores del iniciador son perdonados o piadosamente explicados, si éste supo formar espíritus capaces de comprenderlos y corregirlos. Quien renuncia a la siembra de ideas se declara egoísta o misántropo. Todos pensarán que trabajó para su orgullo en vez de laborar para la Humanidad. Y si sus talentos destacan demasiado, aparecerá como algo patológico, cual formación extraña a su raza, a la cual por eso mismo apenas enaltece: especie de bólido intelectual caído del cielo, que brilló un momento, mas fue incapaz de comunicar a nadie su efímero fulgor.

Dejar prole espiritual, además de dar alto valor a la vida del sabio, constituye utilidad social y labor civilizadora indiscutible, de las cuales están señaladamente necesitados los países como España, de producción científica miserable y discontinua.

¡Infeliz del genio esporádicamente surgido en estos pueblos y extinguido sin descendencia! La ruda competencia entablada entre cientos de laboratorios y escuelas extranjeros; el arrollador alud de folletos y libros que se disputan encarnizadamente el favor de la actualidad; la tendencia iconoclasta de la juventud universitaria, ansiosa de *llegar* y de afirmar e imponer la propia personalidad; la casi total ignorancia entre los sabios de las lenguas habladas en las naciones atrasadas y, sobre todo, el *chauvinismo* feroz reinante en Alemania, Francia e Inglaterra en triste complicidad con la desidia nacional, tendrán para el orgulloso solitario de la consabida *torre de marfil* las más tristes consecuencias. Muchos de sus descubrimientos serán inevitablemente atribuidos a confirmadores extranjeros, poco escrupulosos en sus citas, por discípulos de éstos menos escrupulosos aún, y todos los hechos que, por semejar baladíes a la hora de ser publicados, no merecieron el honor de la traducción —pero que andando el tiempo suelen remontar en valor—, quedarán enterrados en el polvo de las bibliotecas indígenas. Que si para la literatura y la historia, artes de recreo y atracción, sobran eruditos y comentadores, para la austera disciplina científica, el reivindicador debe ser a la par sabio y erudito, y los sabios no abundan en los países de cultura insuficiente...

Importa, pues, que dichas naciones zagueras de la civilización obtengan de sus promotores científicos el máximo rendimiento docente, compensando en lo posible la escasez de aquéllos con el progresivo aumento de su capacidad prolífica.

Mas, ¿cómo formar continuadores y mejor todavía, genios iniciadores, capaces de superar al maestro y de señalar rumbos nuevos a la investigación?

Llegados a este punto, surge una cuestión importante. ¿Cómo se crea la vocación irresistible hacia la Ciencia?

Aunque se haya dicho con razón, por Fouillée, Ribort, Bernheim, Levy y otros muchos, que toda idea aceptada por el cerebro tiende a convertirse en acto, es lo cierto que en la mayoría de las personas la idea o conocimiento científico carece de eficacia para transformarse en el acto de confirmar la verdad aprendida en el de ensanchar sus horizontes, merced al esfuerzo personal.

A nuestro juicio, la voluntad obra en el joven a impulsos de la representación anticipada del placer ético íntimamente asociado a todo triunfo intelectual. Ante la estimación de los doctos, carece de sentimiento de la propia estima. Y, al revés, si se nos desdeña, acabamos por desdeñarnos. De aquí la necesidad, desgraciadamente harto olvidada, de que el profesor sugiriera al alumno de continuo, no tanto con la palabra como con el ejemplo, la idea de goce soberano, de la satisfacción suprema que produce el arrancar secretos a lo desconocido y del vincular el propio nombre a una idea originaria y útil.

Puesto que, según es bien sabido, la juventud procede en su culto a los hombres ilustres por imitación, fuera obra altamente educadora de la voluntad que cada profesor trazara con verdadero cariño y con deliberado propósito de sugestión la biografía anecdótica y sucinta de los sabios que más se distinguieron en el desarrollo de su ciencia especial, haciendo, en fin, algo de lo que, desde otro punto de vista, quisieron realizar A. Comte con su culto a los grandes hombres; modernamente Carlyle con su libro sobre los héroes; Emerson con sus entusiastas apologías de los *hombres representativos* o *superhom-*

bres, a quienes se deben todos los progresos y ventajas de la civilización, y, últimamente, Ostwald con su hermoso libro *Los grandes hombres*.

¿Qué signos denuncian el talento creador y la vocación inquebrantable por la indagación científica?

Problema grave, capitalísimo, sobre el cual han discurrido altos pensadores e insignes pedagogos, sin llegar a normas definitivas. La dificultad sube de punto considerando que no basta encontrar entendimientos perspicaces y aptos para las pesquisas de laboratorio, sino conquistarlos definitivamente para el culto de la verdad original.

Los futuros sabios, blanco de nuestros desvelos educadores, ¿se encuentran por ventura entre los discípulos más serios y aplicados, acaparadores de premios y triunfadores en oposiciones?

Algunas veces, sí; pero no siempre. Si la regla fuera infalible, fácil resultara la tarea del profesor, bastaríale dirigirse a los premios extraordinarios de la licenciatura y a los números primeros de las oposiciones a cátedras. Mas la realidad se complace a menudo en burlar previsiones y malograr esperanzas. Porque, de igual manera que los varones más fervorosamente virtuosos y creyentes suelen ser formidablemente egoístas, se da también, con desconsoladora frecuencia, el caso de que los más brillantes jóvenes son mentalidades exquisitamente prácticas, es decir, financieros refinadísimos en embrión. Estudian y se esfuerzan, más que por amor a la Ciencia, por hallarse persuadidos de que el saber constituye excelente negocio, y de que la buena fama cobrada en la escuela cotízase muy alto en el mercado profesional y en las esferas académicas.

Si el lector sonríe ante esta observación, haga memoria y repare en qué vinieron a parar sus más sobresalientes condiscípulos, los *monstruos* de la memoria y de la aplicación, aquellos en quienes el profesor ponía todos sus mimos y preferencias; y reconocerá con pena que, si en su mayor parte alcanzaron holgada posición social (y en esto no erraron sus cálculos), poquísimos o ninguno ascendieron a las cumbres del saber o se distinguieron por una acción política, social o industrial abnegada y fecunda. Cuanto más que entre los alumnos más aprovechados figuran bastantes temperamentos del tipo gregario, dóciles y disciplinados, incapaces de iniciativa y que, habiendo aceptado el estudio por ciega obediencia a padres y maestros, acaban a menudo la carrera sumidos en el enervamiento y la fatiga. ¿Quién no ha oído exclamar, al concluir los estudios, a estos forzados del libro de texto, la conocida frase: *«Adiós, Horacio, a quien tanto aborrecí...»?* Harto más merecedores de predilección para el maestro avisado serán aquellos discípulos un tanto indómitos, desdeñosos de los primeros lugares, insensibles al estímulo de la vanidad, que, dotados de rica e inquieta fantasía, gastan el sobrante de su actividad en la literatura, el dibujo, la filosofía y todos los deportes del espíritu y del cuerpo. Para quien los sigue de lejos, parece como que se dispersan y se disipan, cuando, en realidad, se encauzan y fortalecen. Corazones generosos, poetas a ratos, románticos siempre, estos jóvenes distraídos poseen dos cualidades esenciales de que el maestro puede sacar gran partido: desdén por el lucro y las altas posiciones académicas, y espíritu caballeresco enamorado de altos ideales. Al revés de los otros, al abandonar las aulas es cuando realmente comienzan a estudiar. Y no es raro verlos fatigados ya de elaborar sin provecho, y faltos de orientación definida, presentarse en los laboratorios en súplica de consejos técnicos y de un tema de estudio. Y algunos de ellos logran encauzarse y triunfar.

Con todo eso, los rasgos precedentes no constituyen siempre síndrome cierto del futuro hombre de ciencia.

Entre quienes sobresalen aquéllos abundan veleidades y defecciones. Las citadas cualidades representan fuerzas en potencia, que no siempre llegan a ser actuales. Seducido por las apariencias, el maestro corre el riesgo de educar *dilettantes* del laboratorio o talentos brillantes, pero incapaces de honda y perseverante labor.

Resulta, pues, difícil el diagnóstico de la vocación científica. Preciso es apelar a signos más exactamente diferenciadores para discernir la moneda falsa del oro de ley.

En su admirable libro sobre los *Grandes hombres,* Ostwald, que se ha planteado este mismo problema, declara, después de hacer algunas reservas, que los discípulos particularmente bien dotados reconócense en que no parecen satisfechos jamás de lo que la enseñanza ordinaria les ofrece... «La enseñanza ordinaria se dirige en profundidad y superficie al término medio, y cuando un alumno posee un gran talento, verá enseguida que la ciencia recibida es cuantitativa y, sobre todo, cualitativamente insuficiente, y exigirá más.» Y añade: «La más importante cualidad del sabio es la originalidad, es decir, la capacidad de imaginar alguna cosa más allá de lo que se enseña; la exactitud en el trabajo, la crítica de sí mismo, conciencia, conocimientos, destreza, son también necesarios, pero todo puede adquirirse más tarde, mediante conveniente educación».

Estas observaciones de Ostwald son atinadas y frecuentemente exactas. Sin embargo, para sacar fruto de ellas, importa que el maestro se ponga en contacto cordial con sus discípulos, que en sus pláticas de laboratorio les trate como a camaradas ocupados en obra común, sugiriéndoles la franqueza y la espontaneidad en la expresión. De este modo hallará el maestro facilidades para estudiar el carácter, y medir el tono y fortaleza de las pasiones de sus educandos. Así y todo, la regla de Ostwald falla en ocasiones. El mozo listo, insatisfecho de las descripciones de los textos y de las teorías científicas, puede ser un carácter altivo y un agudo entendimiento, pero incapaz de perseverancia y disciplina. Más a menudo aún, el futuro investigador adolece de excesiva timidez; sus respetos hacia el maestro y una modestia natural y simpática refrendan el deseo de pedir esclarecimientos a sus dudas teóricas, o aprobación hacia ensayos de nuevas soluciones. En tales casos, el investigador en cierne puede no ser reparado por el profesor o no estimularle éste lo bastante, tomando acaso su reserva por limitación.

Algo más segura, aunque sin pretensiones de infalibilidad, parécenos la regla siguiente, donde se combinan, para el diagnóstico psicológico, algunos signos subjetivos con otros objetivos.

Subjetivamente, el joven apto para la investigación revélase desde luego por estos rasgos: patriotismo ardiente, pero consciente y discursivo: lejos de los candorosos optimismos de ciertos patriotas, o, mejor dicho, *patrioteros*, que con pronunciar cuatro o cinco nombres prestigiosos indígenas creen haber demostrado la colaboración decisiva de su país en la obra de la cultura nacional, nuestro joven siente profundo descontento por la pobreza y mezquindad de dicha contribución, ante los juicios severos, pero en el fondo justos, con que la crítica extranjera flagela la esterilidad de nuestros sabios y filósofos, no responde con frenos patrióticos o jactanciosas promesas, sino afilando sus armas y haciendo resolución de emplear sus bríos en el combate universal contra la Naturaleza. Nuestro sabio en potencia distínguese también por el cultivo severo a la verdad y por un escepticismo sano y de buena ley. Es ambicioso, pero con ambición noble y confesable: ansía destacar de la vulgaridad ambiente y vincular su nombre a una gran empresa.

Objetivamente, el candidato a sabio corrobora a los ojos de todos las promesas precedentes. Sin el culto de la acción, sin la prueba de que el novel investigador es capaz de trabajar con fruto, correríamos el albur de cultivar un florido regenerador más, tan hábil en señalar el rumbo como incapaz de cruzar el golfo. Pero si el joven gusta sobremanera de las estipulaciones del laboratorio, y posee laboriosidad infatigable, si, sobre todo (y ésta es la señal objetiva a que principalmente aludíamos), averiguamos que, a costa de penosos sacrificios, con economías robadas a sus recreos y deportes, se ha creado un pequeño laboratorio donde se afana en adquirir maestría técnica y confirmar personalmente los descubrimientos de las eminencias del saber..., entonces el profesor debe intervenir resueltamente, ayudándole y protegiéndole, porque la verdadera vocación *consiste siempre en esa actividad especial a que el joven, menospreciando distracciones de la edad, sacrifica tiempo y peculio.*

Claro está que la afición, aun la más sincera y entusiasta, se equivoca algunas veces. La vocación no es la aptitud, ni la aptitud conduce necesariamente al éxito. Éste tiene génesis compleja, dado que entran en él, aparte vocación y aptitud, otras condiciones complementarias, a saber: la sagacidad para rastrear los filones ricos, el don de asimilación de las nuevas ideas, penetrante y seguro sentido crítico, buena orientación bibliográfica y metodológica y hasta un cierto espíritu filosófico. Pero casi todas estas cualidades complementarias pueden adquirirse después. Algo hay que dejar a la convivencia con el maestro y al poder transformador de la imitación.

En suma, el futuro sabio suele ser patriota ardiente, ansioso de honrarse y honrar a su país, enamorado de la originalidad, indiferente al lucro y a los placeres burgueses, inclinado a la acción más que a la palabra, lector incansable, y capaz, en fin, de toda suerte de abnegaciones y renuncias para realizar el noble ensueño de bautizar con el propio nombre alguna nueva estrella del firmamento del saber.

Optimismo crítico.—Dejamos expuesto más atrás que el maestro digno de tal debe sugerir de continuo a sus discípulos la idea de que la ciencia está en perpetuo *devenir,* que progresa y crece incesantemente, sin llegar jamás a plena madurez, y que todos podemos aportar, si nos lo proponemos de veras, un grano de arena al imponente monumento del progreso.

Semejante actitud implica, naturalmente, el *optimismo nacional,* es decir, fe robusta en las aptitudes y destino de la raza.

Claro es que semejante optimismo no debe ser ciego, sino avisado y previsor. Lejos del pedante y satisfecho engreimiento característico de muchos funestos políticos y de no pocas orondas sumidades de la cátedra, el buen maestro debe tener plena conciencia de la nacional incultura y de nuestra pobreza científica. Tendrá siempre presente que España está desde hace siglos en deuda con la civilización, y que de persistir en tan vergonzoso abandono, Europa perderá la paciencia y acabará por expropiarnos. Critique, pero trabaje. Censure y fustigue, si es preciso, a los perezosos, pero sin mirar atrás y con la mano en la mancera.

De este patriótico optimismo, llamado por Godó *optimismo paradójico,* y al que cuadraría mejor la designación de *optimismo crítico,* participaron, entre otros, el gran Costa, cuyos apóstrofes restallaban como látigos en la espalda de los rezagados o en la frente de los antipatriotas; y en más modernos tiempos, el exquisito escritor y pensador Ortega y Gasset, quien propone, como condición esencial de la ascensión cultural y ética de España, la plena conciencia de nuestra miseria espiritual y de nuestra corrupción política y administrativa.

Cómo guiar al novel investigador.—Escogida la familia intelectual, es preciso educarla y entrenarla para la ruda labor. Pueril y temerario fuera concurrir a torneos científicos, con carácter de rigurosas luchas internacionales, sin prepararse tenaz y adecuadamente.

Al maestro incumbe la misión de abreviar esta preparación, orientando al discípulo, mostrándole los tajos abiertos a la investigación, guiándole en la pesquisa bibliográfica y sugiriéndole, en fin, la adquisición de cuantos conocimientos y habilidades accesorias (dibujo, microfotografía, idiomas, arte de escribir con exactitud y propiedad, etc.) puedan serle de provecho. Importa inculcarle la resolución de completar en este punto su educación lo antes posible, para evitar colaboratorios humillantes que, además, no pueden ser permanentes.

Fortalecidas de este modo las fuerzas del catecúmeno, procurará el profesor ponerlas a prueba, proponiéndole un tema accesible, que no exija grandes ni continuados esfuerzos, y que, a ser posible, represente algo así como brote o derivación de la obra fundamental del maestro.

Propende, según es sabido, la juventud a acometer los grandes problemas y estrenarse con una catedral. Fuerza es moderar semejante ambición, que podría conducir a fracasos desalentadores, haciendo ver al principiante la conveniencia de comenzar por las pequeñas cuestiones: se corre poco riesgo de errar en ellas, y cuando se yerra jamás se sigue el escozor del ridículo. Más adelante, acrecida la aptitud técnica y la capacidad especulativa, llegará el caso de llevar a cabo la grande obra ensoñada.

Cuando el novel investigador pueda marchar por sí mismo, procúrese imbuirle el gusto por la originalidad.

Déjese, pues, sugerir en él la idea nueva con plena espontaneidad, aunque esta idea no concuerde con las teorías de la escuela. La más pura gloria del maestro consiste, no en formar discípulos que le sigan, sino en formar sabios que le superen. El ideal supremo fuera crear espíritus absolutamente nuevos, órganos únicos, a ser posible, en la máquina del progreso. Fabricar órganos dóciles e intercambiables, denota que el maestro se ha preocupado más de sí mismo que de su país y de la Ciencia.

Excusado es advertir que en sus libros y monografías debe el jefe de escuela hacer sincera justicia al discípulo, citando escrupulosamente sus trabajos y aun insistiendo en ellos con delectación alentadora. Por amor a su prole intelectual, más bien que por modestia, callará la propia colaboración. Acrecerá de esta suerte el crédito del sabio novel, cuya obra granjeará rápidamente en el extranjero confianza y simpatía.

Con ocasión del primer trabajo del principiante, suelen muchos sabios emparejar el propio nombre con el del discípulo, señalando con ello su tanto de colaboración; conducta equitativa, aunque poco generosa. A menos que dicho trabajo inicial sea fruto personal casi exclusivo del maestro, preferiríamos librar al discípulo del concepto, un tanto humillante, de la ajena inspiración. Con ello, el joven investigador saboreará el exquisito manjar de la espontaneidad. Raro fuera que, una vez probado, no se aficionase a él y se esforzara por merecerlo.

Inútil parece también recordar a los maestros que no se aprovechen demasiado de la dócil actividad de sus educandos, so color de prepararlos y dirigirlos. Este abuso, revelador de antipático egoísmo, florece en algunas escuelas extranjeras, donde, como en ciertas profesiones, el catecúmeno paga la enseñanza con la explotación del aprendizaje. ¡Cuántas obras monumentales denotan más que la fecundidad del autor, la discreción y modestia de juveniles colaboraciones, satisfechos con la lejana esperanza de ser algún día apoyados y promovidos por su mentor intelectual a empleos decorosos!

Las fatigas de la edad, y más que nada el afán de acaparar dignidades y prebendas, incompatibles con una vida apacible y de labor honda y perseverante, fuerzan a veces a los sabios a caer en tan vituperables explotaciones. Después de haber llegado con honra, hay que caer con honor. Bástele a cada cual su propio mérito. Harto pagado queda el maestro con la satisfacción de haber despertado actividades latentes y formado mentalidades creadoras. Si la debilidad de los sentidos o las flaquezas de la voluntad privan al anciano de los bríos necesarios para la obra de investigación, abandone resueltamente el magisterio militante. No se enseña bien sino lo que se hace, y quien no investiga no enseña a investigar. Primor de discretos es lo que Gracián designa *tener un buen dejo*. Aunque nos duela, a cierta edad hay que abandonar la enseñanza antes que la enseñanza nos abandone.

Con todo eso, todavía tiene el veterano profesor alta misión que cumplir. Cuando sus manos débiles no pueden sostener el pico del minero, ocúpese en refinar el mineral arrancado por otros [1]. Y escriba en la quietud de su jubilación la historia o la filosofía de la ciencia. Que nadie puede exponerla mejor que quien ha vivido sus incidentes y sentido de cerca las arduas dificultades especulativas.

---

[1] Piadosa con los viejos, la Naturaleza ha otorgado al cerebro de excelso privilegio de resistir más que ningún órgano al implacable proceso de degeneración.

CAPÍTULO X

Deberes del Estado en relación con la producción científica

NUESTRO ATRASO CIENTÍFICO Y SUS CAUSAS PRETENDIDAS. —EXPLICACIONES FÍSICAS, HISTÓRICAS Y MORALES DE LA INFECUNDIDAD CIENTÍFICA ESPAÑOLA. —LOS REMEDIOS

La posteridad duradera de las naciones es obra de la ciencia y de sus múltiples aplicaciones al fomento de la vida y de los intereses materiales. De esta indiscutible verdad síguese la obligación inexcusable del Estado de estimular y promover la cultura, desarrollando una *política científica,* encaminada a generalizar la instrucción y a beneficiar en provecho común todos los talentos útiles y fecundos brotados en el seno de la raza.

La política científica implica el empleo simultáneo de estos cuatro modos de acción:

1.º Elevar el nivel intelectual de la masa para formar ambiente moral susceptible de comprender, estimular y galardonar al sabio.

2.º Proporcionar a las clases sociales más humildes ocasión de recibir en Liceos, Institutos o Centros de enseñanza popular, instrucción general suficiente a fin de que el joven reconozca su vocación y sean aprovechadas, en bien de la nación, todas las elevadas aptitudes intelectuales.

3.º Transformar la Universidad, hasta hoy casi exclusivamente consagrada a la colación de títulos y a la enseñanza profesional, en un Centro de impulsión intelectual, al modo de Alemania, donde la Universidad representa el órgano principal de la producción filosófica, científica e industrial [1].

4.º En fin, formar y cultivar, mediante el pensionado en el extranjero o por otros métodos de selección y contagio natural, un plantel de profesores eméritos, capacitados para descubrir nuevas verdades y para transmitir a la juventud el gusto y la pasión por la investigación original.

Carecemos de espacio para estudiar minuciosamente todos estos aspectos de la política cultural. Consideramos, por otra parte, innecesario entrar en pormenores, ya que son temas repetidamente tratados y discutidos desde hace muchos años por la prensa política y las obras pedagógicas. Sobre ellos hay, por fortuna, un conjunto de soluciones que, con ligeras variantes, han sido generalmente aceptadas. Por ahora, concretarémonos a exponer

---

[1] Hoy nos preocupamos de la autonomía universitaria. Está bien. Mas si cada profesor no mejora su aptitud técnica y su disciplina mental; si los centros docentes carecen del heroísmo necesario para resistir las opresoras garras del caciquismo y favoritismo extra e intrauniversitario; si cada maestro considera a sus hijos intelectuales como insuperables arquetipos del talento y de la idoneidad, la flamante autonomía rendirá, poco más o menos, los mismos frutos que el régimen actual. ¿De qué serviría emancipar a los profesores de la tutela del Estado, si éstos no tratan antes de emanciparse de sí mismos, es decir, de sobreponer a sus miserias éticas y culturales? El problema central de nuestra Universidad no es la independencia, sino la transformación radical y definitiva de la aptitud y del ideario de la comunidad docente. Y hay pocos hombres capaces de ser cirujanos de sí mismos. El bisturí salvador debe ser manejado por otros.

algunas consideraciones tocantes al último punto, esto es, a los métodos más apropiados y rápidos para refinar en lo posible el personal docente actual y formar el futuro profesorado universitario, instrumento esencial, aunque no exclusivo, de nuestro resurgimiento intelectual.

Mas para justificar lo que sigue y fundamentar sólidamente nuestras conclusiones, importa resolver una cuestión previa sobre la cual, desde hace cincuenta años, y sobre todo a partir del desastre colonial, se han ejercitado con varia fortuna casi todos nuestros grandes escritores.

Resurgir, renacer, regenerarse, son procesos dinámicos que implican estado anterior de agotamiento, decadencia o regresión. Importa, pues, desde luego, dilucidar este importante punto: ¿Es exacto que, en orden a la filosofía y a la ciencia, hemos decaído verdaderamente? Como productores de civilización en su más amplio sentido, ¿es lícito afirmar que hemos degenerado con relación a nuestros antepasados de los siglos XVI y XVII?

España es un país intelectualmente atrasado, no decadente. Estudiando imparcialmente la historia de la producción científica y filosófica española durante la Edad Media, durante el siglo XVI, considerado con alguna exageración, a nuestro juicio, como la cima de nuestra intelectualidad y, en fin, durante las últimas centurias, comparando con absoluta sinceridad, intensiva y extensivamente, la ciencia española forjada en cada uno de esos períodos (descontando las alzas y bajas causadas por fortuitos accidentes, quiero decir el avance cultural producido por el descubrimiento de América, que abrió de repente a nuestros sabios espléndido campo de investigación, y la postración mental provocada por las guerras desastrosas y errores políticos de la época de Felipe IV); si cotejamos, en fin, en cada una de las citadas épocas, las conquistas intelectuales positivas hechas por españoles con las debidas a sabios extranjeros, nos veremos obligados a reconocer que ni la raza ni la ciencia española han decaído ni se han estacionado por completo. Sobre poco más o menos, su rendimiento científico se mantuvo siempre al mismo nivel.

La imparcialidad obliga, empero, a confesar que, apreciado globalmente, *dicho rendimiento ha sido pobre y discontinuo, mostrando, con relación al resto de Europa, un atraso y, sobre todo, una mezquindad teórica deplorable*[2]. Dominó en nuestros cosmógrafos, físicos, metalurgistas, matemáticos y médicos la tendencia hacia lo útil inmediato, al practicismo estrecho. Se ignoró que sólo las ideas son realmente fecundas. Y buscando recetas y fórmulas de acción, atrofiáronse las alas del espíritu, incapacitándonos para las grandes invenciones. Además, en cada período nuestros hombres de ciencia fueron escasos, y los genios, como las cumbres más elevadas, surgen solamente en las cordilleras. Para producir un Galileo o un Newton es preciso una legión de investigadores estimables.

A semejanza de Rusia o del Japón, hasta hace poco tiempo, o de los germanos y francos antes del Renaci-

---

[2] El relato de los extranjeros que visitaron España en la época de su grandeza o en el comienzo de su declinación, y los testimonios de nuestros escritores de los siglos XVI y XVII, demuestran que nuestra preponderancia en Europa fue meramente militar y no cultural. Ciencia, industria, agricultura, comercio, todas las manifestaciones del espíritu y del trabajo eran en la época de los Reyes Católicos y de Carlos V sumamente inferiores a las del resto de Europa. Citando un caso entre mil, Simón Abril, en sus *Apuntamientos a Felipe II,* se lamentaba ya de que careciéramos de matemáticos, con afrenta de la nación y gran perjuicio de la república, pues España debe ir a buscar los ingenios a extrañas naciones, con daño grave del bien público. Avergüenza saber que casi todos nuestros generales y almirantes de las guerras de Italia y Flandes fueron extranjeros. Cristóbal de Villalón, que escribió también en el siglo de oro de nuestra historia, se lamenta, amén de los defectos del carácter nacional, de la mediocridad de nuestros gramáticos y humanistas, muy inferiores a los extranjeros. (Véase su *Viaje de Turquía.)*

miento, España ha permanecido en estado semibárbaro, atenida a la religión y a la política y casi del todo ajena a la preocupación de ensanchar los horizontes del espíritu. Pero la semibarbarie no es la decadencia, como el estado embrionario no es la decrepitud. Fuera indiscutible ligereza desesperar de una raza casi virgen, riquísima en subtipos y variedades (gran ventaja en sentir de los antropólogos), creadora en todo tiempo de individualidades geniales y vigorosas, detenida en casi todas sus capas sociales en la fase infantil, y por tanto, muy lejos todavía de la plenitud de su expansión espiritual. ¿Habrá que recordar a los pesimistas que la mayoría de los españoles son analfabetos? ¿Declararemos ciego al privado de luz? Probemos antes si es capaz de ver y de pensar, proporcionándole la antorcha de la cultura.

Mientras nuestra raza ha dormido secularmente el sueño de la ignorancia y cultivado la religión y el arte (preferentes y casi únicas actividades de los pueblos primitivos), las naciones del centro y norte de Europa se nos han adelantado prodigiosamente. No vamos hacia atrás, sino muy detrás. Úrgenos, pues, alcanzarlos corriendo vertiginosamente para colaborar en la medida de nuestra escasa población y del exiguo sobrante de nuestras energías morales y económicas en la obra de la conquista de la Naturaleza.

En suma, España *no es un pueblo degenerado, sino ineducado*. Una minoría gloriosa de intelectuales existió siempre, y aunque con escasez y esporádicamente la Ciencia fue en todo tiempo cultivada. Nuestros males no son constitucionales, sino circunstanciales, adventicios. El problema agitado por algunos de si la raza ibera es capaz de elevarse a las esferas de la invención filosófica y científica, es cuestión tan ociosa como molesta. Sólo fuera lícito el desaliento cuando, desaparecido el analfabetismo, generalizada la instrucción y el bienestar, como en Inglaterra y Alemania, y ensayadas las fuerzas de nuestros mejores talentos en los tajos fecundos de la investigación, fracasáramos repetidamente. Pero esta prueba no se ha hecho y merece la pena ensayarse.

Despréndese de todo lo apuntado que el problema del atraso español debe plantearse exclusivamente en estos términos:

¿Por qué, encerrando España una población igual a la suma de los habitantes de Suiza, Suecia y Holanda, han surgido en ella menos verdades filosóficas, morales, y sobre todo científicas, que en cualquiera de estas naciones?

Hemos anticipado ya nuestra opinión sobre el problema. Sin embargo, en prueba de imparcialidad, vamos a consignar aquí el sentir de algunos de nuestros estadistas y escritores más insignes. A nadie se oculta que señalar las causas de nuestra insuficiencia vale tanto como mostrar sus remedios.

Casi todas las siguientes teorías enfocan especialmente nuestra postración política y social. Pero todas ellas pueden extenderse al terreno de la actividad científica, ya que el poderío militar y político y la prosperidad intelectual e industrial suelen ser cosas solidarias, como ramas brotadas del mismo tronco cultural.

TEORÍAS FÍSICAS

Por curiosas, no obstante su paradojismo, vamos a mencionar brevemente la *hipótesis térmica y la hipótesis oligohídrica*.

a) *Hipótesis térmica.*—Según los adeptos de esta concepción, tenemos la desgracia de morar en clima semiafricano. Durante el verano, un sol calcinador suspende la vida vegeta y aplana nuestro espíritu; durante la estación invernal, un sol tibio, acariciador, nos infunde la alegría de vivir. ¿Cómo permanecer en el laboratorio o en la biblioteca, desoyendo el insinuante llamamiento de la Naturaleza próvida y riente, henchida de colores, frutos y perfumes y tempranamente desperezada del letargo invernal?

Muy al contrario en los países del Norte. Allí el hombre vive rodeado de ambiente duro e inclemente. Todo predispone a la concentración y al recogimiento. El frío aproxima los espíritus y crea la vida social intensísima. Por recurso, las personas medianamente ociosas y cultas, huyendo de la lluvia y de la nieve, reclúyense en el gabinete o en el laboratorio, y se entregan, para no sucumbir al tedio, al rompecabezas de la ciencia, a las charadas de la metafísica o a los ensueños de la literatura.

El candoroso inventor de esta teoría olvidó explicarnos por qué las antiguas civilizaciones surgieron en la India, Egipto, Caldea y Grecia, países más calurosos que España, y cómo, mientras dichas civilizaciones florecían, la lluvia y la nieve dejaron de surtir efectos filosóficos y científicos en británicos, germanos, escitas y galos, sumergidos a la sazón en las tinieblas de la barbarie, y, en fin, por qué razón, a pesar de los ardores de Febo, la Edad Media tuvo en España, en sus judíos, árabes y cristianos, período de espléndido florecimiento intelectual y en el siglo XVI expansión política formidable. Ni es dado olvidar que, según los escritores antiguos, la *Turdetania,* región la más cálida de España, fue lo más civilizado de la Península Ibérica antes de la conquista romana.

b) *Teoría oligohídrica.*—Enlazada como la anterior, de que es obligatorio complemento, fue defendida por el insigne naturalista Malladas, de quien tomamos no pocos datos. Costa, Picavea, Jiménez, Valdivieso, Maeztu y otros muchos escritores han visto en ella la causa principal de nuestro atraso.

Ya Columela notó que en España llueve poco con relación a los demás países de Europa. Como es sabido, la fertilidad de un país, y por tanto su población y riqueza, dependen de la abundancia y regularidad de sus precipitaciones acuosas, singularmente durante la primavera y la canícula. Inglaterra, Bélgica, Francia, Italia, Alemania, aprovechan casi totalmente sus tierras para la agricultura o la ganadería, porque en ellas caen anualmente, por término medio, de 600 a 1.400 milímetros de agua pluvial. Por consecuencia de tan feliz régimen meteorológico la industria agrícola fue en tales países siempre floreciente: los cereales, las hortalizas, las legumbres, la vida, el praderío y toda suerte de árboles desarróllanse lozanamente; hasta las tierras y montes abruptos aparecen cubiertos de un tapiz verde aun en agosto y septiembre, criando espontáneamente pastos sustanciosos. Son los *países de hierba,* envidiosamente contemplados por nuestros enjutos habitantes de la meseta central. El riesgo, necesario entre nosotros, es en los citados pueblos casi desconocido: el sol y la lluvia garantizan la regularidad y abundancia de las cosechas.

Tan envidiables ventajas naturales explican bien la densidad de población del centro y norte de Europa, la economía y consiguiente acumulación de la riqueza, el poderío militar y político y, en fin, el desarrollo de las ciencias y de las artes útiles. Porque el progreso científico, como la industria, son función combinada del bienestar social y de cierta densidad de población. La ciencia cultívase, por lo común, en países cuyos habitantes no descienden de 60 o 70 por kilómetro cuadrado. En España no pasan de 37 en la misma superficie. La aproximación espacial crea el acercamiento espiritual. Por donde la estrecha convivencia, junto con la abundancia de mantenimientos, producen el ocio ilustrado, la curiosidad científica y la inquietud espiritual. Cualquiera aptitud útil o simplemente agradable halla, en tan favorable ambiente, estímulo y aplauso.

Bien diferentes pasan las cosas en nuestro desgraciado país. Abierta la Península a los asoladores vientos africanos, con latitud geográfica que la condena a calor tórrido y evaporación excesiva, necesitaría un coeficiente pluvial superior al de Francia, cuando en realidad es muy inferior. Estímasele, por término medio, en 300 o 350 milímetros [3]. Exceptúase el litoral cantábrico; es decir, Galicia, Asturias, Santander, las Provincias Vascas, una parte de Navarra y de Cataluña, regiones en que el régimen meteorológico es francamente europeo. Provincias hay, como Almería, Alicante, Valencia, tan desoladamente secas que en ciertos años no llueve ni aun en invierno *(el contrapolo* de la lluvia), sin la irrigación artificial de la tierra serían verdaderos desiertos. En la meseta central, comprensiva de la mayor parte de España, cabe afirmar que no existen sino dos estaciones: la de la sequía, que dura desde junio a octubre, y la de las lluvias, que va de octubre a mayo.

Merced a la exigüidad y desigual reparto del agua, la mayor parte del territorio nacional hállase sin roturar y las mejores tierras labrantías rinden cosechas mediocres y aleatorias. Nada mejor revela la pobreza de la meseta central (salvo la tierra de Campos, la región de Burgos y

---

[3] En la cuenca del Ebro (Aragón especialmente), la columna del pluviómetro rara vez alcanza 300 milímetros, y en Murcia y Almería es raro el año en que se eleva a 250. En cambio, en todo el litoral cantábrico pasa de 1.500; a veces sube a 2.000.

Vitoria y algunas otras zonas) que este dato desconsolador: mientras el trigo rinde en Bélgica, Inglaterra y Francia, casi constantemente, de 17 a 25 hectolitros por hectárea, en España no da, por término medio, sino de cinco a seis, y eso los años prósperos, bastante raros, por desgracia. Indicio y manifestación de esta perpetua lucha entre el cerebro y el estómago es nuestra literatura picaresca, según ha hecho notar elocuentemente don Rafael Salillas.

Ahora bien: la pobreza engendra la ignorancia. La cultura aun elemental implica cierto desahogo económico. ¿Cómo podrá asistir el niño a la escuela, si en la mayoría de nuestras aldeas constituyen los hijos para el miserable labrador factor de producción indispensable? Por lo que hace a la Ciencia, representa lujo que sólo pueden costearse las naciones ricas.

La teoría *oligohídrica* es cierta, por desgracia, y ella explica cumplidamente la escasez de población y la pobreza casi general del agricultor de nuestra Península. Por donde resulta natural que sus partidarios proclamen, cual supremo remedio, la *política hidráulica*. Pero dicha hipótesis deja en la sombra la verdadera cuestión, que, según dejamos apuntado, es ésta: ¿Por qué naciones más pobres y menos pobladas absolutamente que España son más cultas y producen más ciencia que nosotros? Además, si todo consiste en el buen régimen pluvial y en la riqueza y densidad de población, no se comprende cómo las provincias del litoral cantábrico, en donde llueve 1.500 y más milímetros y cuentan 100 habitantes, sobre poco más o menos, por kilómetro cuadrado, no han aventajado en producción científica y en invenciones industriales (no aludimos a la riqueza minera e industrial, pura lotería aprovechada por extranjeros las más veces) al resto de la Península. Tampoco queda suficientemente esclarecido cómo Irlanda, pobladísima, y el sur de China, región cuya densidad de población es sorprendente (500 habitantes por kilómetro cuadrado), han colaborado menos en las empresas de la civilización moderna que las relativamente pobres y escasamente habitadas (absoluta y relativamente) Suecia y Noruega y la colosal Rusia, con sus 19 habitantes por kilómetro cuadrado. No debe, pues, consistir todo en la abundancia de mantenimientos y número relativo de habitantes, aunque no sea lícito negar importante influjo a estos factores en el adelanto de las ciencias y en la prosperidad de las naciones.

Teorías político-morales

Teoría económico-política.—Corolario de la precedente (porque la escasa fertilidad del suelo trae consigo la flaqueza política y militar), esta concepción fue sostenida por casi todos nuestros estadistas y pensadores, desde Cánovas y Silvela hasta Pi y Margall y Costa, para no citar sino muertos ilustres. Por lo demás, como *Azorín* recuerda oportunamente, escritores muy pretéritos, como Saavedra Fajardo, Gracián, Cadalso, Mor de Fuentes, *Fígaro* y otros, pusieron ya el dedo en la llaga señalando la pobreza de nuestros recursos y la frecuencia de guerras inútiles como principales factores de nuestro atraso.

Oigamos primero al insigne Cánovas, que, en su libro *El Solitario y su tiempo,* estampa palabras, desbordantes de patriótica sinceridad:

«No cabe positiva y duradera grandeza militar y nacional donde hay pobreza e impotencia económica... Toda la Historia de España está en este hecho al parecer insignificante; los soldados que el Gran Capitán llevó a Málaga para conquistar Nápoles, iban ya descalzos y hambrientos. Así se corren aventuras a las veces gloriosísimas, mas no se fundan permanentes imperios... En vano se busca en la Inquisición, en la amortización, en la exageración del principio monárquico, en los defectos de los reyes, en la incapacidad de sus privados, etc., la causa de nuestras desgracias; hay allí muchos vanidosos sofistas de secta o escuela y numerosas preocupaciones de la ignorancia...», etc.

La Historia de España fue siempre, según hace notar Cánovas, un proceso de perpetua, de angustiosa penuria económica: «Al subir al trono Felipe II estaban las cosas de modo que su favorito Ruy Gómez de Silva hubo de decir a cierto enviado de nación amiga "que se hallaba el reino *senza praffica, senza soldafi, senza denari"*». De esta gran postración no obstante la cual se acometieron nuevas y desastrosas campañas, hace Cánovas responsable al atraso antiguo de la agricultura, producido por las guerras de ocho siglos: a la falta de brazos que se comenzaba a sentir por la expulsión de los judíos (agravada más adelante por la expulsión de los moriscos): a los destierros forzosos de muchos, a las persecuciones del Santo Oficio, a la amortización civil y eclesiástica, al sinnúmero de soldados que exigieron las dilatadas y sangrientas campañas del siglo XVI, y sobre todo, a la despoblación causada por el descubrimiento de América.

Cánovas señala, además, como factor de la debilidad nacional el *provincialismo* o *regionalismo,* y podríamos añadir el *caciquismo,* reliquia feudal tan funesta como la miseria económica. Esta falta de solidaridad social, notada también por Hume y otros historiadores modernos *(kabilismo,* del insigne Unamuno), quebrantó la unidad y energía del Poder central, obligado a respetar los fueros y franquicias de las regiones más ricas y pobladas y a gravar casi exclusivamente con levas y exacciones a las esquilmadas Castillas, Extremadura y Andalucía. Ante los ahogos de una pobreza creciente, el Estado español empeñó todas su rentas, alteró repetidas veces el valor de la moneda, se incautó de los bienes de los particulares y se entregó, en fin, para llevar adelante sus empresas guerreras, a toda suerte de atropellos y desafueros.

La población que, según cálculos de un economista alemán (Haebler) que ha consagrado un libro a esclarecer las condiciones económicas del pueblo español durante nuestro auge político, pasaba de seis millones en la época de los Reyes Católicos, descendió en tiempos de Carlos II a menos de cuatro[4].

Y apuntando remedios, nos dice Cánovas: «Trabajad, inventad, economizad sin tregua; no contraigáis más deudas; no pretendáis tanto adquirir como conservar; no fiéis sino en vosotros mismos, dejando de tener fe en la fortuna...; que vuestro patriotismo sea, en fin, callado, melancólico, paciente, aunque intencionado, constante, implacable».

De este mal de la despoblación y pobreza quejábanse ya nuestros escritores de los siglos XVI y XVII. Recordemos que Fernández Navarrete, que escribía en el primer tercio del siglo XVII, hablaba ya en su *Conversación de Monarquías* de que «la despoblación de Castilla, que tanto baldonan los extranjeros, debíase a las guerras incesantes, a los tributos intolerables, a la colonización de América y,

---

[4] La cifra de 40 millones supuesta por algunos, y sobre todo por Macías Picavea, representa pura fantasía. Si hoy, no obstante el florecimiento industrial de algunas regiones, el ensanche creciente de las ciudades, el progreso notable de la agricultura y de la minería, etc., nuestro territorio no produce mantenimientos ni aun para los 20 millones de habitantes que lo pueblan, ¿por qué arte milagroso pudo antaño mantener 40 millones (no los tiene todavía la riquísima Francia) con un suelo en gran parte sin roturar y con ciudades —salvo alguna excepción— reducidísimas, según atestiguan todavía las murallas subsistentes de las más populosas?

sobre todo, a la expulsión de los tres millones de moriscos y dos millones de judíos». Laméntase Navarrete, con razón, de que las razas laboriosas e industriosas hubieran sido expatriadas y no los *gitanos,* pueblo maleante, entregado sistemáticamente al robo y la depredación.

Con no menor vigor y alto espíritu crítico formula el insigne J. Costa juicios parecidos: «Ha engañado —dice— a nuestros políticos el mapa, no viendo de la Península sino su extensión, no cuidándose de apreciar su grado de productibilidad, la población que podía mantener, los recursos con que podía acudir al Tesoro público. Dos accidentes históricos, el desembarco de Colón en la Península con su lotería del Nuevo Mundo y el matrimonio de Doña Juana, con sus expectativas en la Europa central, desplegaron a la vista de España perspectivas de grandezas y tentaciones de imperio universal, para resistir a las cuales no había en la raza suficiente caudal de prudencia política, y complicaron e hicieron irremediable aquella desorientación que nos ha valido cuatro siglos de decadencia... El arte de gobernar declinó en las manos de nuestros estadistas en una rama de la literatura». Suyo también es este hermoso y exacto pensamiento: «Como la Venus de Milo, España es una bella estatua, pero sin brazos».

En cuanto a remedios, propone la *política hidráulica,* es decir, derivar hacia la agricultura, hacia la construcción de canales y pantanos, los caudales locamente derrochados en guerras suicidas y en vanidades de hidalgo venido a menos. Coincidiendo con Cánovas, sugiere también a nuestros ministros el pensamiento de «gobernar con tristeza como Fernando VI, velando y consolando la desventura de los gobernados». Aconseja, además: «Abaratar la patria, de modo que la condición de español deje de ser un mal negocio, y doble llave al sepulcro del Cid para que no vuelva a cabalgar... Hay que rehacer al español en la escuela. Menos Universidades y más sabios... No se encierra todo en levantar el nivel de cultura general; es preciso, además, producir grandes individualidades científicas que tomen activa participación en el movimiento intelectual del mundo y en la formación de la ciencia contemporánea... Crear colegios españoles, a estilo del de Bolonia, en los principales centros científicos de Europa, para otras tantas colonias de estudiantes y profesores, a fin de crear en breve tiempo una generación de jóvenes imbuidos en el pensamiento y las prácticas de las naciones próceres para la investigación científica, para la administración pública, la industria, la enseñanza y el periodismo». En suma, *despensa y escuela:* tales son los remedios de nuestros males.

Las teorías de Cánovas y de Costa son hoy doctrina inconcusa. Naciones desangradas y empobrecidas por guerras inútiles, emigraciones continuas y exacciones agotadoras no suelen sentir ansias de cultura superior. Harto hacen con vegetar oscuramente y conservar incólume la semilla de la raza. Pero... ¿por qué naciones no menos asoladas por guerras desastrosas y enflaquecidas por emigraciones continuas se restauraron rápidamente? ¿Cómo no pereció Italia saqueada, vejada, desgarrada y afrentada por casi todos los ejércitos y aventureros de Europa? ¿Qué secreto resorte mantuvo la vitalidad de Francia, no obstante vivir en perpetua hostilidad con las naciones fronterizas? ¿Qué extraña virtud hizo que Alemania, cuna y campo de batalla del cisma, y cuya población, consumida por la guerra de Treinta Años, descendió, según cálculos autorizados, a menos de cuatro millones, no agotara nunca su vena productora de ilustres pensadores y de primeros artífices, renaciendo luego con irresistible pujanza? Falta, pues, algo en estas teorías para esclarecer por completo el problema de nuestro atraso.

Hipótesis del fanatismo religioso.—Según esta concepción, generalmente acogida en el extranjero [5], las causas principales de nuestra decadencia política y de nuestro atraso científico fueron la exageración del principio religioso y singularmente la Inquisición, que podó y descuajó durante siglos lo más eminente y exquisito del genio nacional. Fue una selección al revés, como dice Ostwald. El Santo Oficio, limpiando la nación de judaizantes, moriscos y literatos y reduciendo al silencio o a la expatriación a todos los pensadores heterodoxos, privó a España del curso de las mentalidades más originales y más renovadoras. Porque precisamente entre esos hombres poco fervorosos del dogma y rebeldes al despotismo de escuela suelen contarse los grandes iniciadores de la Filosofía y de la Ciencia. En el cedazo quedaron, pues, los rutinarios, los dóciles, los intolerantes y los meollos rudos y seniles.

Aun sin llegar a las violencias de la intolerancia, la exageración del principio religioso entraña un germen de postración económica y de apatía cultural.

Profundamente penetrados del misticismo y de la existencia de otra vida mejor, los pueblos miran la Ciencia como algo frívolo, profano, de dignidad inferior a la teología, a la literatura y a la política. En muchos escritores

---

[5] Antes de Buckle fueron muchos los extranjeros que atribuyeron nuestra decadencia a la exaltación del principio religioso y al desprecio de las artes útiles. Recuérdese, entre otras, la observación de Montesquieu: «Mirad una de sus bibliotecas (las de España): las novelas por un lado, y la escolástica por otro, ¿no es verdad que todo ello parece obra de algún secreto enemigo de la razón humana»? Gráfica es también esta frase de Voltaire: «La Inquisición y superstición perpetuaron aquí (en España) los errores escolásticos; las matemáticas fueron tan poco cultivadas de los españoles, que en sus guerras emplearon siempre ingenieros italianos». Juicio análogo dejamos estampado ya de nuestro Simón Abril, escritor de la época de Felipe II.

del Siglo de Oro, singularmente en Gracián, Quevedo y Saavedra Fajardo, apuntan estos sentimientos. En lo cual, fuerza es confesarlo, son severamente lógicos. Puesto que la vida terrestre no es sino preparación para el cielo, natural es cultivar exclusivamente la teología, la mística y la moral, es decir, las sagradas disciplinas que nos apartan de frivolidades mundanas y señalan el camino de la perfección espiritual. ¿A qué afanarse por las artes útiles, el comercio y la industria? Fuera de la moral, el derecho y un poco de literatura necesaria para hablar con decoro de las cosas santas, sólo parece plausible y deseable el esfuerzo para conservar la pureza del dogma y la imposición, mediante la guerra, de la unidad religiosa a todas las naciones.

Y España peleó localmente contra Inglaterra, Flandes, Francia, Italia, África, las razas de América, etc. Empresa enorme, sobrehumana, que hubiera exigido en el Gobierno genios en vez de vulgares privados; en el Ejército, las huestes de Jerjes dirigidas por Aníbales, y en la Hacienda Pública, los tesoros de la Francia o de la Inglaterra actuales. Sólo Dios puede hacer lo imposible, y así todo se fió en Dios. A la Santa Cruzada contra el protestantismo fueron sacrificados vasallos y tesoreros, cerebros y corazones.

Arrastrados por esta fiebre de ciego proselitismo, desterrados en la Península los judíos y los moriscos, en cuyas manos florecieron el comercio y la agricultura, quedó la poca tierra cultivable yerma y esquilmada. Sobre ella crecieron y se extendieron, como legión de voraces parásitos, los frailes y los nobles, paralizando con la amortización material las fuentes de la riqueza patria y aniquilando con la amortización espiritual las iniciativas científicas y audaces especulativas de la raza... Tal es, en sus líneas generales, la teoría economicopolítica.

Nacida en el extranjero con Buckle, Tiknor, Draper, Macaulay, Hume, G. Le Bon, etc., sostenida entre nosotros por intelectuales de prestigio (Sanz del Río, Revilla, Pi y Margall, José del Perojo, etc.), esta hipótesis forma casi parte del ideario de nuestra democracia. Sobre las otras concepciones posee la ventaja inapreciable de referir nuestro atraso a una condición adventicia, en cierto modo exterior y extraña al carácter mental de la raza. Como toda explicación simplista, se ofrece cómoda y, por tanto, sugestiva. Seduce a primera vista porque nos promete, según Maeztu, para un plazo breve, fácil y llano remedio. Barrida la intolerancia, emancipado el espíritu crítico, la Ciencia deberá surgir por sí misma como espontánea floración de la cultura y de la prosperidad material.

No negaremos nosotros que la exageración del sentimiento religioso, que ya Cánovas, Valera y otros consideraron como uno de tantos motivos de nuestra decadencia, y sobre todo las crueldades del Santo Oficio, hayan contribuido bastante a marchitar la flor de nuestra originalidad científica y filosófica. Dejamos apuntado ya que el sabio, por religioso que sea, gana mucho en un ambiente de libre expansión espiritual. Creemos más: que en la actualidad (hay gloriosas excepciones) los hombres más ocupados en el problema del mundo suelen ser los menos preocupados de las beatitudes celestiales.

Pero aun reconociendo y proclamando todo esto, pensamos sinceramente que la hipótesis del *fanatismo religioso* es, en el terreno histórico, notoriamente exagerada, y en el terreno práctico, *peligrosísima* para las esperanzas puestas en el resurgimiento de España y en los altos destinos de la raza, esperanzas que todos, y señaladamente los maestros, debemos infundir reiteradamente en la juventud.

Que se ha extremado el papel anticultural de la Inquisición, probáronlo (cayendo también en opuestas exageraciones) Laverde, Vidart, Adolfo de Castro, muchos de nuestros tradicionalistas, y singularmente el fogoso patriota y prodigioso erudito Menéndez Pelayo[6]. En respuesta a los denigradores del Santo Oficio, alegaron que precisamente el auge de la producción científica y filosófica españolas corresponde a los siglos XVI y XVII, época de la prepotencia del terrible Tribunal. Y citaban abrumadoras listas de filósofos moralistas y científicos, que brillaron con luz propia en nuestra Edad de Oro. Afirmaban, además, que en los calabozos del Santo Oficio no perecieron hombres de ciencia ni pensadores eximios, sino ju-

---

[6] Recuérdese la célebre polémica sostenida entre Sanz del Río, Revilla, etc., por un lado, y los tradicionalistas, reforzados con el valioso apoyo de Menéndez Pelayo, por otro. Los krausistas sostenían «que el espíritu español se halla desarrollado sólo parcialmente desdeñando la razón y el entendimiento, y que, no habiendo existido ciencia ni filosofía españolas, la historia de estas disciplinas podía hacerse sin citar otros nombres que los de los marinos heroicos que descubrieron las Américas y dieron la vuelta al mundo». Al contrario, los tradicionalistas afirmaban que durante el Siglo de Oro habíamos creado ciencia y filosofía altísimas y originales, y que ello se debió, en gran parte, al fervor religioso y al despotismo paternal de los reyes. En cuanto a mi humilde opinión, formada después de pesar serenamente los argumentos de entrambas escuelas, coincide casi completamente con el juicio de un escritor francés, imparcial, de nuestros días, Dusolier, que siguió con interés los incidentes de la famosa controversia, afirma: «Contrariamente a los asertos, demasiado modestos o demasiado desdeñosos, de la escuela krausista, creeos que *ha existido, en efecto, una ciencia y una filosofía españolas; pero pensamos también que todo el talento de Menéndez Pelayo no basta para probar que esta filosofía y esta ciencia hayan sido muy importantes.*» (DUSOLIER: «Aperçu historique sur la Médecine en Espagne», etc., París, 1096.) Con relación a las matemáticas, el mayor de nuestros actuales geómetras, el señor Rey Pastor, hace notar, en bien documentado discurso, que nuestros geómetras del Siglo de Oro y siguientes trabajaron a menudo sin conocer suficientemente las grandes conquistas matemáticas del Renacimiento, singularmente las debidas a los sabios italianos, franceses e ingleses.

daizantes, luteranos, musulmanes y sobre todo brujos y endemoniados, según ocurría a la sazón, aunque bajo otras instituciones, en todos los países de Europa. Recordaban, en fin, que Servet fue inmolado fuera de España por el feroz Calvino, y que la tolerante Italia quemó a G. Bruno y encarceló a Galileo.

«En Francia —dice Varela—, sin contar los horrores de las guerras civiles, sólo en la espantosa noche de San Bartolomé hubo más víctimas del fanatismo religioso que las que hizo el Santo Oficio desde su fundación hasta su caída... Ni iguala en número —continúa—, por confesión de Schack, a sólo las infelices brujas quemadas vivas en Alemania nada más que en el siglo XVII.»

Y es menester reconocer que los hechos citados por los precedentes autores poseen alguna fuerza. Maeztu, uno de nuestros jóvenes escritores más vigorosos y mejor orientados, nota oportunamente que mal pudo la Inquisición sacrificar a filósofos y sabios, cuando España no los tuvo nunca (de primer orden, se entiende). Otras son, pues, las esenciales causas de nuestro atraso, y no la intolerancia religiosa, que adquirió también entre los cismáticos de Inglaterra, Suiza y Alemania formas y sentimientos singularmente agresivos e inhumanos.

Pero, conforme dejamos apuntado, lo más grave de la teoría religiosa no consiste en su tendencia sectaria, ya advertida por Cánovas, sino en que, fiados en ella, corremos el riesgo de echarnos definitivamente en el surco, dejando de aplicar al mal los verdaderos remedios.

En efecto: hace más de un siglo que, salvo algún chispazo aislado, la Inquisición apagó sus hogueras. Hemos hecho cinco o seis revoluciones, decretado la desamortización e instaurado un régimen de tolerancia religiosa. Reconoce nuestra Constitución la libertad de conciencia, de palabra, de asociación y de imprenta.

Profesores eminentes han importado a nuestras aulas filosofías más o menos heterodoxas, tales como el krausismo, el positivismo y el evolucionismo materialista, desarrollándolas libremente, sin molestias ni cortapisas.

Aunque no forman todavía mayoría, abundan entre nosotros los políticos, periodistas, magistrados y catedráticos librepensadores. Contra lo que suponen los extranjeros, cierta tolerancia práctica reina entre nuestra sociedad ilustrada. Se citarán, acaso, excepciones más o menos antiguas; pero en la actualidad quien positivamente vale, llega en España a los primeros puestos, cualquiera que sea su credo filosófico, a condición de que no lo proclame harto ruidosa y estridentemente, lastimando los sentimientos de la mayoría.

Sin embargo..., con muy ligeros avances sobre nuestro anterior estado, continuamos a la zaga de las pequeñas nacionalidades del Norte de Europa. Pueblos hermanos como Portugal y las Repúblicas sudamericanas, donde la despreocupación dogmática es acaso mayor que entre nosotros, viven, sobre poco más o menos, en el mismo plano cultural.

Si esta situación continúa y se acentúa, la posición de los adeptos de la teoría del fanatismo religioso resultará singularmente comprometida. Y si discurre serenamente, llegarán pronto a la desconsoladora conclusión de la incapacidad de los pueblos peninsulares para las altas empresas de la civilización. No se trataría ya de la bancarrota de un *principio,* sino de la bancarrota de una raza. Y esto, aunque fuera verdad, que no lo es, ningún peninsular puede honradamente declararlo, sin haber agotado antes, para demostrar lo contrario, todas las capacidades de su intelecto y todas las energías de su voluntad.

Hipótesis del orgullo y arrogancia españoles.—Muchos extranjeros, varios españoles y no pocos hispanoamericanos (Bunge, entre otros) achacan en parte nuestro atraso a este defecto del carácter nacional, en cuya virtud se consideraron siempre entre nosotros como cosas viles el trabajo mecánico, la industria y el comercio. Muy elocuentemente habla acerca de ello el insigne Valera.

«La tiranía —dice Varela— de los reyes de la Casa de Austria, su mal gobierno y las crueldades del Santo Oficio, no fueron causas de nuestra decadencia; fueron meros síntomas de una enfermedad espantosa que devoraba el cuerpo social entero... Fue una fiebre de orgullo, un delirio de soberbia que la prosperidad hizo brotar en los ánimos al triunfar después de ocho siglos en la lucha contar los infieles. Nos llenamos de fanatismo a la judaica. De aquí nuestro divorcio y aislamiento del resto de Europa... Nos creímos el nuevo pueblo de Dios; confundimos la religión con el egoísmo patriótico; nos propusimos el dominio universal, sirviéndonos la cruz de enseña o de lábaro para alcanzar el imperio. El gran movimiento de que ha nacido la ciencia y la civilización moderna, y al cual dio España el primer impulso, pasó sin que lo notásemos, merced al desdén ignorante y al engreimiento fanático[7].»

También Cadalso (citado por Azorín), antes que Valera, notó ya esta lacra moral de la gente hispana. «No es-

---

[7] Cristóbal de Villalón, a quien debe considerarse como el precursor de nuestros modernos regenadores, decía ya un poco crudamente en el siglo XVI *(Viaje de Turquía)*, aludiendo al orgullo e insolencia hispanos: «Entre todas las naciones del mundo somos los españoles los malquistos de todos, y con grandísima razón, por la soberbia, que en dos días que servimos queremos ser los amos y si nos convidan una vez a comer alzámonos con la posada». Villalón tuvo también una visión muy certera de la esterilidad de nuestro suelo y de nuestra penuria militar cuando, comparando España con Italia, preguntaba. «¿Paréceos que podría mantener tantos ejércitos como Italia? Si seis meses anduviesen cincuenta mil hombres dentro la asolarían, que no quedase fanega de pan ni cántaro de vino, etc.» Y si esto se escribía por un español patriota en tiempos de Felipe II, ¿cómo extrañarnos de que durante reinados posteriores hayan repetido lo mismo numerosos extranjeros?

tudiamos —decía—. Nuestro defecto fundamental es el orgullo... Las ciencias van decayendo de día en día... Los verdaderos estudiosos son tenidos por sabios superficiales en el concepto de los que saben poner setenta y siete silogismos sobre si los cielos son fluidos o sólidos...» «Trabajemos —dice— en las ciencias positivas para que no nos llamen bárbaros los extranjeros...»

Las páginas de la Historia de España ofrecen numerosos testimonios de este irritante sentimiento aristocrático, que nos llevó a repudiar, como innobles y propios sólo de judíos y de gente servil, la agricultura, el comercio, la industria y las artes mecánicas. La nobleza y la clase media, preocupadas por la limpieza de sangre, sólo podían subsistir vegetando parásitamente sobre una masa de pecheros, comerciantes e industriales. No obstante lo cual, cometióse la monstruosa aberración de decretar, según dijimos antes, primeramente, la expulsión de los judíos, monopolizadores del comercio, y después, la de los moriscos, en cuyas manos estaban la agricultura y la industria. Nubes de extranjeros voraces, incapaces de nacionalizarse porque nos odiaban cordialmente, vinieron a reemplazar a moriscos y judíos, absorbiendo el oro de América, fomentando la industria de sus sendos países, con daño de la nuestra, y convirtiéndose en usureros y esquilmadores del Estado. Entristecen las descripciones que extranjeros como Campanella, Mad. d´Aulnoy y otros hacen de la incuria de nuestros hidalgos y del casi total abandono del agro castellano a causa del desprecio suicida del trabajo manual. Así como el comercio y la banca cayeron en poder de genoveses, flamencos y franceses, el cultivo mismo de la tierra (es decir, lo poco de ella cultivado) vino a manos de braceros extranjeros, con los cuales emigraban anualmente muchos millones, importe de salarios.

La teoría del orgullo explica algo mejor que la hipótesis economicopolítica la escasez de nuestra producción científica e industrial. La Ciencia exige instrumentos, y éstos sólo puede proporcionarlos una industria floreciente. Y en aquel tiempo era difícil importarlos de fuera. Deja, sin embargo, esta concepción en la sombra algunos puntos, entre ellos la pobreza filosófica, astronómica y matemática de la nación y el gusto casi exclusivo hacia el saber que nuestro ilustre Carracido llama *ornamental* (literatura, humanidades y filosofía escolástica, etc.), con el consiguiente desprecio de las ciencias de la Naturaleza. Creímos que era bastante dominar, sin reparar que sólo imperan duraderamente la ciencia, la industria y el comercio.

Teoría de la segregación intelectual.—En todas las hipótesis expuestas, singularmente en las de Cánovas, Costa y Valera, late un fondo de verdad, pero ellas no lo dicen todo. A nuestro atraso contribuyeron indudablemente las guerras inútiles, la Inquisición, el finchado aristocratismo, la emigración a América, el desdén por el trabajo mecánico y la irreparable esterilidad de una tierra eternamente sedienta. Pero estas calamidades (que muchos países han sufrido), con ser grandes habrían moderado nuestra producción en orden al conocimiento de la Naturaleza, mas no la habrían reducido a un mínimo casi despreciable de no intervenir otro factor, felizmente modificable, al que apenas aluden nuestros escritores. La causa culminante de nuestro retardo cultural no es otra que el *enquistamiento espiritual* de la Península. A la manera de un tumor, el talento hispano desarrollóse, viciosa y monolateralmente, nutriéndose exclusivamente de la pobre savia nacional. La frase «Santiago, cierra España», citada por Bunge (que le da un sentido erróneo, sin duda por imperfecto conocimiento del castellano), no fue sólo el grito de combate de nuestros guerreros, sino la divisa de nuestros sabios [8]. Cerramos las fronteras para que no se infiltrase el espíritu de Europa, y Europa se vengó alzando sobre los Pirineos una barrera moral mucho más alta: la muralla del desprecio. Desde fines del siglo XVII, nuestros sabios, nuestros filósofos, nuestros literatos, dejaron casi enteramente de ser leídos y citados. Entre los científicos, sólo se salvó del olvido Azara, el gran naturalista, que brilló en el siglo XVIII.

Como consecuencia de esta segregación intelectual, no prendió apenas en España la semilla del Renacimiento, según nota oportunamente Federico de Onís. Los inyectores de la savia nueva, tales como Lebrija, el Brocense, Pedro Ciruelo y otros, fueron perseguidos. Y no digamos nada de Servet y del Dr. F. Sánchez, el precursor del cartesianismo y del agnosticismo moderno, porque ambos tuvieron que expatriarse para escribir. El terror a lo nuevo, a lo extranjero, obsesionaba a nuestros claustros profesorales, más inquisidores que la Inquisición misma, quc rccclaban no sólo de las Ciencia Naturales, sino hasta de las inofensivas Filología, Gramática e Historia. Y semejante estado de espíritu perduró muchos años, según revelan los escritos de Villarroel y los más modernos de Feijóo, Campomanes y Jovellanos.

Hubo, ciertamente, algunas excepciones de dicha incomunicación. Durante una parte del siglo XVI, con ocasión de nuestras guerras de Italia, las auras del Renacimiento

---

[8] Sabido es que el verbo cerrar, tan expresivo de nuestro grito de guerra, significa *embestir,* acometer. Pero el pensamiento de Bunge de que España vivió casi aislada de las naciones cultas es, desgraciadamente, verdadero, y por eso lo citamos.

vivificaron un tanto el petrificado espíritu español, despertándole parcialmente de sus éxtasis religiosos y de sus ensueños imperialistas. Otra ventana hacia Europa abrióse también durante el siglo XVIII; por ella recibieron algunos intelectuales bien dotados el influjo bienhechor de la crítica y de la renovación científica que agitaban la Europa.

En corroboración de esta doctrina, nótese que casi todos nuestros grandes escritores y sabios surgieron en esas épocas de relativo intercambio cultural, y fueron, naturalmente, infatigables viajeros. No pocos, desde el final de la Edad Media, perfeccionaron sus estudios en el extranjero, y regentaron cátedras en Roma, Bolonia, París, Montpellier, Tolosa, etc. Recordemos a Arnaldo de Vilanova, Raimundo Lulio, Servet, Luis Vives, Saavedra Fajardo, el padre Acosta, el médico Hernández, Garcilaso, Quevedo, etc. El mismo Cervantes, no obstante su original genialidad, debió mucho a la refinada cultura de Italia. Pero, en general, salvando gloriosas excepciones, nuestro orgullo aristocrático, secundado por la desdichada posición geográfica de la Península (confín de Europa y camino solamente de África), nos condujo a una reclusión mental deplorable. A semejanza de esos animales habitadores de la Australia, que segregados en remotas edades del Continente, adquirieron formas insólitas y estrafalarias, así el entendimiento español, no vivificado por la conjugación intelectual ni corregido por la crítica europea, apartóse de las normas de la cultura mundial y se expandió en la viciosa y casi exclusiva vegetación de las sutilezas escolásticas, de los transportes de la mística y de los juegos del conceptismo y culteranismo.

Y, sin embargo, no faltó nunca algún español, flor de la raza, que apuntara, aunque predicando en desierto, los inconvenientes del aislamiento nacional. En su famoso libro de *Las Empresas,* Saavedra Fajardo decía: «La renovación de perpetuidad a las cosas educadas por naturaleza... Ninguna juventud sale acertada en la misma patria... Los parientes y amigos la hacen licenciosa y atrevida. No así en las tierras extrañas, donde la necesidad obliga a la consideración en componer las acciones y en granjear voluntades. Fuera de la patria se pierde aquella rudeza y encogimiento natural, aquella altivez necia e inhumana que ordinariamente nace y dura en los que no han practicado con diversas naciones... Los españoles, que con más comodidad pudieran practicar el mundo, por lo que en todas partes se extiende su monarquía, son los que más retirados están en sus patrias, si no es cuando las armas les sacan de ellas». *(Empresa* LXVI)[9].

Que durante nuestra supremacía militar viajábamos poco, y no llevamos a Flandes e Italia comerciantes, sabios y colonos que acompañaran a nuestros soldados y crearan vínculos materiales y espirituales con la metrópoli, persuádelo el hecho harto elocuente de que en la actualidad no queda en dichos países el menor rastro de la raza, la lengua y las costumbres españolas. Verdad es que en tales empresas se trataba casi siempre de defender el patrimonio, bien o mal adquirido, de los reyes, no los in-

[9] Por lo demás, Saavedra participa, como no podía menos, de los sentimientos y prejuicios de su época. Ni se ha de olvidar que en sus *Empresas* defiende el interés egoísta del príncipe, no siempre coincidente con el de la nación. Hay, pues, que perdonarle sentencias como ésta: «La ruina de un Estado es la libertad de conciencia... Muy quieto y felices viven los esquizaros que no se ejercitan mucho en las ciencias... Sobran Universidades... Con la atención de las ciencias se enflaquecen las fuerzas y envilecen los ánimos... Con el estudio se crían melancólicos los ingenuos, aman la soledad y el celibato», etc.

tereses positivos de nuestro pueblo, según hace notar muy sagazmente Cristóbal de Reyna [10].

Hemos vivido, pues, durante siglos, recluidos en nuestra concha, dando vueltas a la noria del aristotelismo y del escolasticismo, y desinteresados y desdeñosos (con excepción de pocos paréntesis) del poderoso movimiento crítico y revisionista que impulsó en Europa a las ciencias y las artes. Fuera, empero, injusticia olvidar que alguno de nuestros sabios y filósofos conocieron y profesaron las novísimas verdades matemáticas, astronómicas, físicas y biológicas, conquistadas por Copérnico, Galileo, Torricelli, Newton, Descartes, Vesalio, Harveó, Lavoisier, pero poquísimos de ellos tuvieron el arranque necesario para trasladarse a los grandes centros culturales y adquirir el contagio tonificante de la genialidad creadora.

A causa de esta incompleta conjugación con Europa, nuestros maestros profesaron una *ciencia muerta,* esencialmente formal, la ciencia de los libros, donde todo parece definitivo (cuando nuestro saber hállase en perpetuo *devenir),* e ignoraron la *ciencia viva* dinámica, en flujo y reflujo perennes, que sólo se aprende conviviendo con los grandes investigadores, respirando esa atmósfera tónica de sano escepticismo, de sugestión directa, de imitación y de impulsión sin las cuales las mejores aptitudes se petrifican en la rutinaria labor del repetidor o del comentarista.

[10] Estos intereses fueron casi del todo abandonados, salvo alguna excepción, al advenir la dinastía austríaca. Y estoy muy cerca de pensar que la independencia española acabó prácticamente con los Reyes Católicos y el cardenal Cisneros. Después, con excepción de algunos períodos de cordura patriótica, fuimos a remolque de las ambiciones dinásticas y de las codicias de monarcas que recibían a menudo el santo y seña de las cortes extranjeras.

El remedio de nuestro atraso. —Método histórico de elevación científica y cultural

La Ciencia, como todas las actividades específicas del entendimiento, es simple consecuencia de la imitación y del ejemplo. Trátase siempre de un contagio, a veces a distancia, por la semilla latente en los libros, mucho más a menudo de cerca, por gérmenes arribados por el oído, escapados, como en surtido luminoso, de las cabezas geniales. Del mismo modo que el hijo aprende el oficio del padre, *mirando* y *ensayándose,* así el sabio en perspectiva aprende a investigar mirando al investigador y trabajando bajo su vigilancia. Como dice acertadamente Castillejo, uno de los apóstoles más fervientes y desinteresados de nuestro renacimiento intelectual, «los florecimientos culturales son productos del contacto de civilizaciones diferentes. Hay una especie de fecundación que, sin ahondar ahora más, puede bien referirse al carácter del producto social que la cultura tiene, lo mismo referida a las colectividades de individuos que a las de los pueblos».

Tan palmaria verdad es que la Ciencia brota de la fecundación intelectual inmediata, que no se citará un solo país en donde el ansia de saber haya surgido con absoluta espontaneidad. Por rica y plástica que parezca la mentalidad de un sabio, jamás será poderosa a crear *in toto* una disciplina científica. Su misión se reduce a desenvolver un germen recibido, a consolidar y acrecentar el patrimonio heredado.

¿Habrá que recordar ejemplos históricos de tan trivial y vulgar aserto? Nadie ignora que los filósofos y sabios de la Grecia fueron infatigables viajeros. Cada una de aquellas inteligencias vírgenes y ansiosas de sabiduría, solía dividir su vida en dos fases: durante la primera asistía a los focos culturales de Egipto, Asiria, Persia, la India y la Gran Grecia; durante la segunda, recogíase en sí misma, sistematizaba lo aprendido y fundaba nueva escuela. El viejo Egipto adoctrinó a Grecia, como andando el tiempo, Grecia adoctrinó a Italia y a las naciones mahometanas; y, en fin, éstas y, sobre todo, la cultísima Italia del Renacimiento (esa Italia, siempre pagana, a pesar del cristianismo, y fervorosamente enamorada de la sabiduría antigua), difundieron la ciencia clásica por el resto de Europa.

Y para recordar ejemplos más cercanos, hoy mismo, ¿no vemos al Japón, pueblo de raza amarilla, pasar bruscamente desde las tinieblas de la Edad Media, a los esplendores de la cultura y de la civilización occidentales? Obra estupenda, que parece milagro, y representa simplemente un caso particular de sistemática, pero intensiva y extensiva inoculación de la ciencia europea. No fue, ciertamente, según se complacen en afirmar algunos de nuestros políticos, la revolución japonesa del 63, con sus reivindicaciones liberales y la consiguiente emancipación económica del agricultor, la causa eficiente de tan asombroso renacimiento. No, los artífices de la grandiosa ascensión fueron, en primer término, el alto sentido político del Emperador y sus ministros y, a guisa de instrumentos, esos miles de jóvenes pacientes, silenciosos, concentrados, que por mandato del gobierno, vinieron a Europa a escudriñar, llenos de fervor patriótico, en laboratorio, seminarios, talleres, fábricas y arsenales, los secretos de la sabiduría y de la fuerza occidentales.

Menos resonantes y notorios, pero igualmente significativos ejemplos, nos ofrecen algunos pueblos de pura cepa europea, en donde por diversos motivos decayeron las ciencias o no adelantaron con el brío necesario. Recordemos a Italia, cuyas Universidades, un tanto enervadas durante la primera mitad de la pasada centuria, supieron remozar la caduca savia, importando profesores alemanes y, sobre todo, educando sistemáticamente en el extranjero la flor de su juventud intelectual y docente. Igual salvadora conducta han seguido los Estados Unidos (en donde por diversas causas el espíritu científico aparecía ahogado por el bajo mercantilismo), inundando de jóvenes doctores los laboratorios y seminarios ingleses, franceses y alemanes.

Patentes están los frutos de esta inoculación reiterada y metódica del germen del progreso científico. Italia ha decuplicado su rendimiento intelectual, y en ciertas esferas del saber, figura ya a la cabeza del movimiento cultural europeo. En cuanto a los Estados Unidos, el espíritu de indagación hállase en rápido *crescendo,* la pléyade de inventores ingeniosos, aunque empíricos, ha sido allí reforzada por lucida cohorte de sabios creadores, cuyos descubrimientos promueven el aprovechamiento, cada vez mayor, de las riquezas de suelo y del subsuelo, y han sido causa del asombroso florecimiento de las empresas industriales. Poderosos institutos, como el célebre Rockefeller, legado de millonarios patriotas, se han creado para cultivar la ciencia pura. Por ese mismo sendero marchan con éxito brillante, o con esperanzas justificadas, Rumania, Egipto, Chile, la República Argentina, etc.

Y nótese que la elevación cultural de los citados pueblos ha surgido, no por lenta evolución, conforme pide la teoría: ha sido súbita y teatralmente verdadera revolución desde arriba, para la cual la *Gaceta,* tan desacreditada entre nosotros, obró cual talismán mirífico.

La panacea que en Italia, en los Estados Unidos, en el Japón [11], en Hungría, en Rumania, en la misma Rusia, es

---

[11] Si la teoría de la superioridad de las razas hiperbóreas de Europa, creada por el ingenuo francés Gobineau y coreada por sajones y alemanes para su glorificación, hubiera detenido a los japoneses, a estas fechas careceríamos de la prueba más decisiva acerca de la eficacia del contagio y

decir, en países de razas y genio tan diversos, ha tenido éxitos resonantes, ¿fracasará precisamente en España, crisol donde se fundieron casi todas las razas europeas?

Desde ahora declaramos que el remedio que obró milagros en todos los países, dará también resultados excelentes en España. Si hay fracaso, nuestra será la culpa, por no haber sabido servirnos de la heroica panacea. El fiasco, y tras él la decadencia definitiva y mortal, vendrán solamente si la aplicamos sin fe ni perseverancia, si por espíritu de tacañería la administramos a dosis homeopáticas, o de manera intermitente, si no sabemos reclutar y preparar mentalmente a nuestra juventud para recibir, allende el Pirineo, la suprema iniciación; si, a la vez que establecemos íntima comunicación espiritual con el extranjero, no acertamos a mantener en los iniciados el fuego sagrado de la investigación, organizando, para retenerlos y estimularlos, laboratorios y seminarios, talleres y demás centros de laboreo intelectual y profesional; si, en fin, por respeto a rancios prejuicios o a funestos formalismos no procedemos a incorporar rápidamente a la enseñanza el nuevo plantel docente, renovando y fecundando con él la vieja Universidad, órgano principal, según dejamos dicho, de civilización y de progreso.

Porque, lo hemos proclamado mil veces y lo repetiremos otras mil, España no saldrá de su abatimiento mental mientras no reemplace las *viejas cabezas de sus profesores* (Universidades, Institutos, Escuelas especiales), *orien-*

---

de la imitación, como generadores de la grandeza de un pueblo. La Ciencia, el Arte, la Industria y la Milicia habrían perdido colaboradores soberanos. Y nosotros los médicos no podríamos aplaudir, entre otras vidas gloriosas, la de un Kitassato, descubridor del microbio de la peste bubónica y fundador, con el alemán Behring y el francés Roux, de los principios de la seroterapia.

tadas hacia el pasado, por otras nuevas orientadas al porvenir. No reside, pues, el daño en los que aprenden, ni en el Estado que, en la medida de lo posible, sufraga los gastos, sino en los que enseñan. De unos salen los otros. Ideal del discípulo será siempre parecerse a su maestro. ¿Cómo superarse si no halla cerca de sí otro término más alto de comparación? Y pues es fuerza romper la cadena de hierro de nuestro atraso, rómpase por el *anillo docente,* único sobre el cual puede obrar directa y eficazmente el Estado. Europeizando rápidamente al catedrático, europeizaremos al discípulo y a la nación entera.

Como dice luminosamente Castillejo, «no queda otro recurso que formar gente nueva y unirla a los elementos aprovechables de la antigua». Pero esa gente nueva no lo será de verás, se parecerá irremediablemente a nosotros, adolecerá de nuestras rutinas y defectos, como no respire por mucho tiempo el ambiente de la Universidad extranjera.

Tal es el plan salvador. No ha habido que inventar la panacea. Es remedio probado, norma seguida por cuantos pueblos tuvieron clara conciencia de su postración y quisieron regenerarse de veras. Descendamos ahora a formular algunas reglas tocantes a la manera de aplicar la terapéutica.

CAPÍTULO XI

Órganos sociales encargados de nuestra reconstrucción

PENSIONADO EN EL EXTRANJERO. —IMPORTACIÓN DE PROFESORES. —CREACIÓN DE COLEGIOS ESPAÑOLES EN LAS PRINCIPALES CIUDADES UNIVERSITARIAS DE EUROPA

Las ideas precedentes, vulgarísimas en el extranjero, tampoco son, por fortuna, novedad en España. Más o menos explícitamente, han sido proclamadas por nuestros mejores escritores, y singularmente por las eminencias de la cátedra; han creado un estado de conciencia nacional y se han traducido, al fin, en leyes y órganos adecuados de acción. Notorio es que, desde hace algunos años, se han fundado entre nosotros instituciones que, como la *Junta de Ampliación de Estudios y Pensiones* y el *Patronato de ingenieros y obreros*, tienen por principal misión escoger la flor de nuestra juventud intelectual y obrera, para educarla y sostenerla en los grandes focos de producción científica e industrial de Europa y América.

La Junta de Pensiones y de Ampliación de Estudios se propone, según resume su activo secretario, el señor Castillejo: «1.º El envío de pensionados al extranjero, la comunicación con ellos y la organización de diversas formas de tutela y auxilio para facilitarles su labor. 2.º Un servicio de información extranjera en las cuestiones de educación, para divulgar el conocimiento de los centros docentes y las condiciones de vida en los principales países. 3.º Un patronato de estudiantes que secunde la iniciativa privada, auxiliando el envío de jóvenes al extranjero por cuenta de las familias. 4.º La creación de centros de investigación científica, organizados dentro y fuera de España, como medio de que los pensionados en el extranjero puedan continuar su preparación, y los que aspiren a salir, comenzarla reunidos, con los elementos que el país ofrezca, en un trabajo práctico y personal. Hay hasta ahora constituidas tres agrupaciones: el Centro de estudios históricos, el Instituto nacional de ciencias físiconaturales y la Escuela española de Roma para Arqueología e Historia. 5.º El fomento de las instituciones de carácter educativo, para mejorar en todos los órdenes de la vida la de nuestros escolares. Se han abierto ya en Madrid la primera *Residencia* de estudiantes donde éstos hallan favorables condiciones higiénicas, morales e intelectuales, dentro de un régimen de santa libertad» [1].

La lealtad, la imparcialidad confesional y el sincero patriotismo con que la Junta de Pensiones y de Investigaciones Científicas ha aplicado los referidos principios de elevación cultural, han sido reconocidos por la mayoría de los conspicuos de la política, sin distinción de matices.

---

[1] Han seguido después, con inesperado apoyo de la opinión pública, la *Residencia de estudiantes*, dirigida por la incomparable educadora María de Maeztu; la *Residencia de párvulos*, y, en fin, el *Instituto-Escuela*, que aspira a ser una Escuela-liceo de tipo europeo, donde se junten las excelencias de una instrucción selecta encomenada a profesores eméritos, con los beneficios de una sana y confortadora educación del cuerpo y del espíritu.

Aprobaciones valiosas ha merecido también de nuestros más brillantes escritores, entre los cuales fuera imperdonable olvidar al cultísimo y ecuánime crítico Gómez Baquero, cuyas elocuentes conferencias de Portugal versaron precisamente sobre las funciones de la Junta y los resultados alentadores obtenidos. Conscientes de que se deben a una obra esencialmente nacional, los miembros de la susodicha Corporación, a la hora de proponer pensiones u otorgar becas de trabajo, no disciernen otros colores que los gloriosos de la española bandera, que son también los mismos de la europa espiritual por todos anhelada.

Colaboradores humildes de dicha Institución, no debemos justipreciar su labor. Fuera, además, harto prematuro.

Séanos lícito, sin embargo, olvidarnos por un momento de nuestro insignificante concurso, y apreciar objetivamente los resultados. Repetimos que es todavía temprano para hacer el arqueo de los valores logrados. La semilla dará fruto solamente dentro de algunos años. La justicia obliga, empero, a confesar que, no obstante la timidez e irresolución con que el Estado y en su nombre la citada Junta han procedido, hanse recogido cosechas estimables. Por de pronto, en la nueva generación, el tipo mental del maestro declamador y meramente comentarista disminuye visiblemente, y de día en día aumenta el número de revistas científicas nacionales, de laboratorios y seminarios de investigación y de entusiastas profesores entregados a pesquisas originales. Puntualicemos un poco.

Por lo que toca a la Biología, contamos ya con un plantel de laboratorios cuyas investigaciones son conocidas y apreciadas en el extranjero, donde algunos de ellos han explicado cursos y dirigido laboratorios. Diversas revistas alemanas, inglesas y nacionales, y singularmente los *Trabajos de laboratorio e Investigaciones Biológicas* y el *Boletín de la Sociedad Española de Biología*, registran sus interesantes comunicaciones. Sólo en la revista citada de mi laboratorio (*Trabajos del Laboratorio de Investigaciones,* etc., años 1912 a 1923) han sido publicadas por alumnos o profesores pensionados más de 50 monografías originales, algunas con descubrimientos de primera fuerza.

Los naturalistas, laboriosos como siempre, aunque lentos todavía en adoptar ciertos métodos de estudio (histológico, embriológico, etnológico y psicológico), han acrecido cualitativa y cuantitativamente su rendimiento. Aparte las comunicaciones insertas en el *Boletín de la Academia de Ciencias,* de cada día son más interesantes las que ven la luz en los acreditados *Anales de la Sociedad Española de Historia Natural.* La creación de la *Comisión de Investigaciones Paleontológicas y Prehistóricas* ha dado también opimos frutos. Sus doctos y activos profesores, adoctrinados por ilustres especialistas franceses y alemanes, nos han redimido del bochorno de que nuestra Península constituyera, en lo tocante al arte e industria prehistórico, exclusivo campo de explotación de sabios extranjeros.

Grandes esperanzas nos hacen concebir también los físicos, químicos, matemáticos e ingenieros llegados recientemente de Alemania, Holanda, Bélgica y Francia. Algunos de ellos se han ilustrado ya con importantes investigaciones en parte publicadas por la *Junta de Pensiones,* y en su mayoría insertas en la joven *Revista de Física y Química.* Hasta los matemáticos, tan flemáticos y apocados antes, han fundado, por fin, un *Seminario* y una revista, donde hallan estímulo y publicidad sus estudios, de cada día más originales y profundos.

Brillante y copiosa es también la pléyade de juristas, historiadores, filósofos y psicólogos, etc., que han importado de Alemania el secreto de la investigación positiva y exacta. Obrador y cauce para sus actividades en *cres-*

cendo, es el *Centro de Estudios Históricos* y los libros numerosos que la Junta de Ampliaciones de Estudios da a luz periódicamente. Con satisfacción se advierte que la nueva floración de sociólogos, humanistas, críticos literarios, historiadores y lingüistas han abandonado el cómodo proceder del *impresionismo, tendencionismo* y *declamacionismo,* para sentar serena e impersonalmente doctrina propia sobre datos de primera mano, documentos y cifras. El cuadro en conjunto es consolador y abre al patriotismo español perspectivas luminosas.

No nos ofusque, empero, tan alentador resultado. Convengamos en que el fruto logrado es deficiente aún, y harto inferior a nuestra potencialidad productiva. Avanzamos a paso de tortuga, cuando necesitaríamos velocidades planetarias. Consuélanos solamente el considerar que los bienes logrados, aunque mezquinos, corresponden aproximadamente a la importancia de los esfuerzos.

Causas notorias oportunamente pregonadas por espíritus clarividentes, explican la modestia del éxito logrado. Sobre las principales de ellas séanos permitido exponer brevemente algunas reflexiones:

1.° *Escasez de las pensiones.*—El método del pensionado en el extranjero, bueno como norma educadora, sólo puede rendir frutos suficientes cuando se le aplica en grande escala, sin timideces ni recelos, y en la persuasión de que la mayor parte de la semilla habrá irremisiblemente de perderse. Satisfechos podríamos quedar, si de los 90 o 100 pensionados actuales, lográranse ocho o diez obreros útiles a la elevación cultural del país [2].

---

[2] La guerra ha disminuido notablemente esta cifra, con daño grave para la celeridad de nuestro progreso científico e industrial.

Pero el número de 80 o 90 pensionados entre profesores, doctores, ingenieros, médicos, naturalistas, abogados, historiadores, filólogos, artistas, pedagogos, etc. (cifra que representa un máximo con relación a otras anualidades) constituye cantidad irrisoria y casi despreciable si se tiene en cuenta nuestro atraso y la largueza y decisión con que proceden en este punto otras naciones. No nos hagamos ilusiones. Nuestro país necesita ser reformado radicalmente de alto abajo, hostigando y estimulando al amodorrado cuerpo social hasta la entraña misma. Para tan intensa fermentación son necesarios cientos y acaso miles de pensionados, legiones de jóvenes decididos a arrancar a Europa el secreto de su grandeza y a infundir un nuevo espíritu en todas nuestras relajadas instituciones docentes y administrativas [3].

2.º *Escasez del tiempo de pensión.*—En Italia, y en casi todas las naciones de producción científica accidentalmente aminorada, las pensiones en el extranjero duran tres años, en vez de uno y medio, salvo prórroga, según es costumbre entre nosotros.

---

[3] No por unas docenas, como solemos nosotros, por centenas se cuentan los japoneses pensionados en Berlín, Viena, Londres y París. Aun hoy, en que el Imperio del Sol Naciente ha recogido ya frutos gloriosos de su educación europea, existen en Berlín más de 400 pensionados japoneses. ¿Cuántos de ellos se contarán en Inglaterra, Francia y los Estados Unidos? Trátase de un formidable ejército de intelectuales que asaltan los laboratorios, devoran los libros de ciencia y laboran heroicamente por la hegemonía intelectual y política de su país.

El éxito japonés ha contagiado a la China, que prepara su renacimiento intelectual sosteniendo en el Japón 10.000 estudiantes becarios, 600 en los Estados Unidos y unos 300 en Europa, con delegaciones permanentes en estos países para vigilarlos y cuidarlos.

(Esto se escribía en 1913. Claro es que la horrenda guerra europea habrá acarreado en estos países iguales deplorables consecuencias que en España.)

Nuestro tiempo de pensión es harto insuficiente. Exceptuados los profesores cultos y habituales a la investigación, que visitan los laboratorios extranjeros con la mira de dominar un nuevo método de estudio, o de profundizar, al lado del sabio ilustre, algún tema especialismo, la duración del pensionado debe prolongarse tres años o, por lo menos, dos. A nadie se le ocultarán los motivos justificativos de tal plazo, y menos a los encargados del magisterio docente, conscientes como somos de la deficiente preparación técnica, y del casi ningún conocimiento de idiomas de la inmensa mayoría de nuestros doctores y licenciados. Durante el primer año, el pensionado invierte casi todo su tiempo en perfeccionarse en la lengua y en familiarizarse con los métodos del trabajo; sólo más adelante puede emprender labor útil y penetrar en la intimidad espiritual del maestro.

3.º *Escasa edad e insuficiente preparación técnica del candidato*.—He aquí dos importantes causas de esterilidad del pensionado, consecuencia fatal de un estado de cosas que ni la «Gaceta» ni la Junta de Pensiones serán poderosas a corregir por ahora. El candidato a pensión está mal preparado, porque la inmensa mayoría de nuestros maestros lo están también, y suele carecer de la madurez mental indispensable, por culpa de leyes que, de acuerdo con los íntimos anhelos del padre de familia, obligan a las fábricas del Liceo y de la Universidad a lanzar apresuradamente al mercado social sus inconscientes hechuras.

Salvo precocidades excepcionales, la vocación constituye estado de alma tardío, resultado del talento divergente de las fuerzas mentales y de la prueba objetiva de las propias aptitudes. Por regla general, esta clara conciencia de la vocación surge desde los veinticinco a los veintiocho años, aunque sobre este punto nada seguro quepa establecer. De todos modos, se corre grave riesgo de perder tiempo y dinero, enviando al extranjero mozos de veinte a veinticuatro años, ignorantes de sí mismos y sin gustos ni vocación bien definidos.

En su atolondramiento, muchos de ellos toman por aptitud el ansia aventurera de viajar o el deseo de adquirir, por cuenta del Estado, cierta cultura general de buen tono; y cuando por obligación del cargo visitan laboratorios y asisten a cursos, van animados más bien de curiosidad del maestro que del afán de empaparse profundamente en el espíritu de la escuela.

Cuando se pregunta a los extranjeros conocedores de la organización docente española acerca de las causas de nuestra flojedad productiva, la contestación es tan unánime como justa:

«La Universidad extranjera —dicen— recibe de la enseñanza secundaria hombres hechos, con una base científica y literaria muy sólida; mientras que la Universidad española se nutre de mozalbetes irreflexivos, sin formación mental suficiente y casi totalmente desprovistos de conocimientos sólidos en Matemáticas, Física, Química, Historia Natural, Lenguas vivas y Filosofía» [4]. Este grave mal ha sido también deplorado por muchos de nuestros maestros, singularmente por André, en cuyos libros (señaladamente en el titulado *La mentalidad alemana)* se

---

[4] En Alemania los jóvenes suelen entrar en la Universidad a los dieciocho años o veinte años, para abandonarla a los veintisiete o veintiocho; porque aunque la ley señala un mínimo de cinco años de estudios académicos y otro de voluntariado en otras Universidades (en junto seis años), la formalidad y reflexión del estudiante tudesco, admirablemente secundadas por la previsión del padre de familia, le llevan a prolongar la carrera, ampliando el conocimiento de las disciplinas más importantes o de aquellas para las cuales sienten viva predilección.

hace crítica luminosa y justa de nuestra defectuosa organización universitaria.

Defecto es éste imputable, más que a las leyes, a nuestros impacientes padres de familia, que sólo se preocupan de que su hijo obtenga un título profesional con el menor gasto posible de tiempo y dinero. «Lo que no sepa (dicen ellos), ya lo aprenderá después...» Y, en efecto, no lo aprenden casi nunca.

No está en las atribuciones de la Junta de Ampliación de Estudios pensionar, como decía cierto ingenioso político, a los *cabezas de familia* para que aprendieran fuera de España el arte de ser padres cabales; pero fuera deseable que a la hora de proponer candidatos tuviera muy en cuenta dicho factor de esterilidad, rechazando (salvo excepciones justificadas) a todos los intonsos doctores y licenciados menores de veinticinco años, sin vocación consolidada ni preparación técnica elemental suficiente.

Colegios españoles en Londres, París y Berlín.— Aunque no somos entusiastas de este procedimiento aconsejado por Costa, no vemos inconveniente en que se le ensaye creando en Cambridge, Leipzig o Munich algún Colegio español donde numerosos becarios cursen, según los métodos modernos, tanto la enseñanza secundaria o de liceo, como la universitaria o superior. Entre otras ventajas, este método de precoz trasplantación tendría la valiosísima de modelar la voluntad y el carácter en la época en que el ambiente social, los deportes, etc., obran con mayor eficacia educativa, y la no menos importante de ofrecer desde el principio a las juveniles inteligencias un pasto intelectual suculento y sano, en lugar de la memorista y superficial instrucción servida, salvo excepciones, en nuestros Institutos y Colegios de Segunda Enseñanza. Solamente nos detendría el temor de que este método, aplicado de modo global y sin selección a cerebros en agraz, impusiera al exhausto Tesoro español dispendios muy desproporcionados con los resultados.

INSTITUCIONES COMPLEMENTARIAS DE PENSIONADO

No basta escoger, más o menos automáticamente, la *élite* de la intelectualidad, transportándola de golpe a los Centros científicos del extranjero. Es preciso crearle antes un ambiente de transición, es decir, adoctrinarla moral y técnicamente para que la acomodación al nuevo medio cultural se efectúe sin riesgos; y es, además, indispensable proporcionar a los mejor adaptados a dicho ambiente, de vuelta de su pensión, los recursos necesarios para proseguir la obra emprendida y evitar que el tipo mental, tan laboriosamente creado acabe por desdiferenciarse en la molicie, retornando, como ciertas plantas artificiosamente cultivadas, a la especie indígena vulgar.

Ociosas fueran tales iniciativas si nuestras instituciones docentes estuvieran siempre en situación de ejercitar técnicamente al candidato, y si al regreso de éste, la Universidad, las Escuelas especiales o la Administración pública le brindaran puesto adecuado a sus talentos. No sucede así, por desgracia. Los establecimientos oficiales son organismos herméticos, tiranizados por el escalafón y el reglamento, y amarrados a un presupuesto rígido, donde todo está previsto menos las sorpresas de la vida, quiero decir, la brusca aparición de cabezas geniales y la necesidad de prestarles, rápida y oportunamente, apoyo moral y pecuniario.

A subsanar esta deficiencia responde el *Instituto Nacional de Ciencias,* con sus diversos laboratorios y seminarios; el *Centro de Estudios Históricos* organizado por la *Junta de Pensiones*, y, en fin, algunos pocos laboratorios universitarios.

Importa notar que los consabidos centros son organismos provisionales, supletorios de la Universidad y de las diversas Escuelas profesionales. Ellos desaparecerán cuando las Corporaciones docentes adquieran la elasticidad y sensibilidad suficientes para acoger en su seno a todo talento desvalido utilizable. Se equivocan, pues, algunos profesores universitarios, recelosos de que estas hijuelas de la Junta de Pensiones sean institutos rivales de la Universidad. ¿Cómo serán rivales de la enseñanza oficial laboratorios dirigidos por catedráticos numerarios y organizados precisamente para servir de plantel al futuro profesorado?

Quienes tan poco generosamente juzgan las iniciativas de los demás, ¿se han detenido a considerar el grave peligro de perder irremisiblemente, por abandono e inacción, aptitudes y vocaciones preciosas, ínterin las filas cerradas de los escalafones docentes se entreabren para recibir al novel compañero? ¿Y si no hay vacante en muchos años? ¿Consentiremos impasibles que el novel investigador, aguijado por el apremiante *primum vivere...*, pida a la enseñanza privada o a cualquier profesión lucrativa el pedazo de pan que le rehúsa el cultivo de la ciencia pura, perdiendo así el Estado el fruto de sus sacrificios?

La experiencia de estos últimos años ha enseñado que toda preocupación es poca para evitar el retroceso mental del novel investigador y su readaptación a la vulgaridad ambiente. Todo conspira en contra: la falta de tutela social, el despego de los compañeros no pensionados, el desdén cuando no la antipatía de algunos viejos maestros, y, sobre todo, la sugestión constante, subyugadora del fausto profesional, y hasta de la desaprensión o de la osadía encumbradas. Así pierde anualmente la causa de nuestra cultura muchos defensores valiosos, caídos sin redención en el montón anónimo de los buscadores de oro. Y esto hay que evitarlo a todo trance, o al menos reducirlo a un mínimo soportable. No sobre todos, ex pensionados, deben la Junta de Pensiones y, singularmente, los profesores bajo cuya dirección trabajan, ejercer continua y vigorosa acción tutelar, abogando en su pro en las esferas administrativas, animándoles a proseguir, a pesar de todo, sus trabajos, y corrigiendo, en fin, paternalmente, los defectos de inmodestias y presunción, no raros por desdicha entre los jóvenes educandos allende el Pirineo, y causa principal —preciso es reconocerlo— de la animosidad con que los miran algunos positivos y viejos prestigios del Cuerpo universitario.

IMPORTACIÓN DEL PERSONAL DOCENTE

Dejamos apuntado diversas veces que el problema de nuestra ascensión intelectual sólo se resuelve transformando y remontando progresivamente desde el maestro de primeras letras hasta el catedrático de Universidad, es decir, formando hombres nuevos, incorporados cordialmente a la obra internacional de la cultura, y cubriendo con ellos cuantas vacantes de sangre vayan ocurriendo en las instituciones docentes y administrativas.

Una duda importante podría, sin embargo, detenernos al intentar la solución práctica de este problema. En lugar de vigorizar nuestra juventud oreándola en el ambiente universitario inglés, francés o alemán, ¿no fuera preferible importar de las naciones próceres sabios, porque ello sería imposible, pero sí sobre los mejores ilustres para transfundir de una vez sangre nueva y copiosa en el enteco cuerpo nacional?

Considerando *a priori* tan radical recurso de tonificación espiritual, que cabría llamar *método de injertación cultural,* parece el más rápido, eficaz y económico. A este heroico remedio confió Italia, hace cincuenta y cinco años, la renovación de su decadente Universidad. Maestros alemanes tan prestigiosos como O. Vogt (naturalista), Moleschott (anatómico), Schiff (fisiólogo) Kleinemberg (anatomía comparada), Schroen (anatomopatólogo), Kiesow (psicólogo experimental) y otros varios regentaron cátedras en la citada nación. De ellas surgió brillante pléyade de discípulos entusiastas que continuaron gloriosamente la obra de los maestros exóticos. Citemos algunos nombres prestigiosos, ciñéndonos solamente al dominio biológico: el anatómico Kleinemberg formó a Grassi, descubridor del ciclo extrahumano del germen palúdico, el fisiólogo Schiff adoctrinó en Turín a los ilustres Mosso, Luciano y Fano, por su parte, Moleschott procreó lucida prole intelectual, representada, entre otros, por los anatómicos Todaro y Chirugi.

Con éxito excelente, aunque menos brillante, se ha empleado también este método en Rusia y en los Estados Unidos, y con efectos inciertos o poco alentadores, en Chile y la Argentina. Recordemos, en fin, que la injertación intelectual tuvo entre nosotros iniciador augusto y entusiasta en Carlos III, quien, lleno de paternal amor a sus vasallos, intentó sin éxito aclimatar en España, con el químico Proust y otros sabios de fama mundial, el gusto por la investigación.

La inmigración temporal o la incorporación definitiva de investigadores forasteros constituye método de inoculación directa y supraintensiva, capaz de sacudir en circunstancias favorables el amodorramiento intelectual de un país. Mas apresurémonos a declarar que este proceder sólo puede rendir seguros beneficios en aquellas naciones donde el ambiente moral está suficientemente preparado, y a condición de que las diferencias étnicas, lingüísticas y el hábito mental entre el país transfusor y el transfundido sean poco acentuadas. Por este motivo, el método de la injertación espiritual, tan eficaz en Holanda, Suiza, Rusia, Italia y los Estados Unidos, rindió en España, y rinde actualmente en los Estados hispanoamericanos, frutos poco abundantes [5].

Por nuestra parte, nos confesamos fervientes partidarios de la importación de hombres de ciencia (método que puede combinarse ventajosamente con el pensionado), pero a condición de que personas conocedoras del Cuerpo universitario inglés, francés o alemán, hábilmente secundadas por nuestra diplomacia, nos deparen sabios de primera magnitud y dotados de robusta vocación docente.

En Alemania, sobre todo, existe actualmente una sobreproducción de investigadores. Muchos de ellos, forzados de la necesidad, emigran a Holanda, Rusia, Hungría, Estados Unidos, Inglaterra, imposibilitados, como están, de subsistir decorosamente en la Universidad nativa, donde la concurrencia vital es abrumadora. Fácil sería, pues, encontrar, a costa de moderados dispendios, algunos *docentes privados* o *profesores extraordinarios* cuyos méritos, pregonados por la fama de los descubrimientos y la admiración de sus discípulos, no hubieran obtenido todavía la recompensa oficial suficiente [6].

Ni nos tendría la consideración de que dichos maestros nos abandonaran a los pocos años, deseosos de reanudar su carrera universitaria en la nación de origen; porque en uno o dos lustros de estancia entre nosotros habrían, sin duda, formado discípulos, tanto más aventajados cuanto

---

[5] Las noticias que hemos podido procurarnos de Chile y de la Argentina revelan que, exceptuando unos pocos profesores alemanes, atenidos a su misión de crear e inocular la ciencia, los demás, es decir, la inmensa mayoría, fueron arrollados por la fiebre del negocio, a que pocos emigrantes resisten.

[6] Después de la guerra mundial, es casi seguro que aumentará en proporciones considerables el éxodo de los sabios, a causa de agobios económicos insoportables en Alemania, y desconocidos o muy atenuados en las naciones neutrales.

que el profesor, aspirando a merecer en su país el codiciado título de *profesor ordinario,* no sentiría la tentación de dormirse sobre sus laureles. La importación de docentes extranjeros es, sobre todo, urgente en aquellas disciplinas huérfanas en España (con pocas excepciones) de altos investigadores, tales como la Física, la Química, la Astronomía, la Geología, etc. Y aunque el ambiente cultural hispano deja todavía mucho que desear, creemos sinceramente que el de hoy es muy superior al de la época de Carlos III[7]. (Sabido es que nuestra Universidad cuenta ya con algunos sabios profesores extranjeros estables.)

Pero aplicado ese método en grande escala y de manera exclusiva, podría acarrear algunos inconvenientes, notados ya en sus sendos países por los escritores americanos. He aquí algunos, que señalamos de pasada, después de reconocer que abundan las excepciones.

1.° El investigador alemán o anglosajón arribado a países latinos, encuéntrase descentrado; sus hábitos y tendencias chocan demasiado contra las de sus huéspedes; y a la primera ocasión retorna a su país, sin haber fundado escuela[8]. Bajo este concepto, quizá fueran más deseables maestros franceses e italianos.

---

[7] El método actual de invitar a ciertas lumbreras extranjeras para dar algunas conferencias en nuestros centros docentes, lo consideramos poco provechoso. Es preciso que el sabio invitado profese por lo menos un curso y que, asistido del material necesario, enseñe a sus discípulos la técnica de la investigación.

[8] Los brillantes resultados obtenidos por Italia mediante el método de la importación de sabios extranjeros se debió sin duda a la excelencia de los mismos; pero esta excelencia obedeció a condiciones difícilmente renovables. Aparte del culto del alemán hacia la patria del Arte, la comodidad y brevedad del viaje, el conocimiento casi general entre los tudescos ilustrados de la lengua italiana, etc., en el éxito influyó sobremanera la revolución alemana del pasado siglo con la reacción subsiguiente, la cual obligó a expatriarse a muchos hombres de mérito tachados por sus ideas liberales. Actualmente Italia, consciente de su robustez intelectual, utiliza exclusivamente el método del pensionado.

2.º Por razones fácilmente adivinables, el sabio expatriado no suele ser investigador de primer orden, sino mozo despejado y de esperanzas *(privat-docent* o doctor sin puesto oficial), pero incompletamente formado. Sin duda que en la designación debería intervenir, como es natural, la iniciativa de un maestro de autoridad indiscutible; mas el oficio de profeta tiene quiebras, aun admitiendo que en la elección hecha por aquél para nada influyera la simpatía personal.

3.º La dificultad de comprender la lengua del nuevo país, resta eficacia a las enseñanzas del maestro extranjero.

A causa de los citados inconvenientes y de otros menos graves de carácter administrativo, estimamos que la obra de nuestra renovación debe encomendarse principal, aunque no exclusivamente, al método del pensionado. Abrigamos la firme convicción de que si se le aplica con fe y perseverancia, si, huyendo de tacañerías, son enviados anualmente a los grandes focos de producción intelectual e industrial del extranjero, cuatrocientos o quinientos jóvenes aprovechados, escogiendo de preferencia profesores y auxiliares, y lo más granado y culto de los funcionarios técnicos del Estado (militares, ingenieros, científicos y pedagogos, sin olvidar algunos eclesiásticos, acaso los más necesitados de europeización) [9]; si los organismos

---

[9] Hoy añadiría también a los *políticos de altura*. Una ley que excluyera de los Consejos de Estado a todo político que no hubiera permanecido por lo menos tres años en las escuelas extranjeras (singularmente en las de Alemania, Inglaterra y Francia), sería decisiva para el éxito de nuestra renovación cultural, agrícola e industrial. Si esto se hubiera hecho antes del 98, habríase evitado la pérdida de las colonias; porque aparte otros factores de que no debo ocuparme aquí, casi ninguno de nuestros ministros y generales de entonces tenía la menor idea del arrollador poderío marítimo, militar e industrial de los Estados Unidos. Nadie está capacitado para salvaguardar eficazmente los intereses de su patria, si previamente no conoce a fondo las fuerzas políticas y los recursos morales y materiales de las ajenas naciones.

seleccionadores del candidato a pensión, desoyendo la sirena del favoritismo y procediendo austeramente, proponen exclusivamente hombres adornados de sólida preparación técnica y con una historia de trabajos serios, más o menos importantes, y en todo caso reveladores de vocación firme y decidida hacia la investigación científica, tenemos por indiscutible que, dentro de algunos lustros, todas las clases directoras y docentes de nuestro país se habrán transformado profundamente.

Y la espléndida floración de verdades científicas, de invenciones útiles, de aplicaciones fecundas a la agricultura, a la industria y a la gestión política y administrativa del Estado, afirmará enérgicamente nuestra personalidad espiritual ante el mundo y preparará una España del porvenir que nos consuele de cuatro siglos de estacionamiento y haga olvidar a Europa la España del pasado.

POST SCRIPTUM *

Bien ajenos estábamos, al publicar las páginas precedentes, donde nos lamentamos de nuestro desdén por la ciencia, que habíamos de recoger muy pronto el fruto de nuestra incultura. Una nación rica y poderosa, gracias a su ciencia y laboriosidad, nos ha rendido casi sin combatir. En tan desigual batalla, librada entre el sentimiento y la realidad, entre un pueblo dormido sobre las rutinas del pasado, y otro enérgico, despierto y conocedor de todos los recursos del presente, el resultado estaba previsto; pero es preciso confesar que nuestra ignorancia, aún más que nuestra pobreza, ha causado el desastre, en el cual no hemos logrado ni el triste consuelo de vender caras nuestras vidas. Una vez más la ciencia, creadora de riqueza y de fuerza, se ha vengado de los que la desconocen y menosprecian.

Por ignorar, ignorábamos hasta la fuerza incontrastable del adversario: la ciencia de sus ingenieros y de sus químicos (inventores de bombas incendiarias que barrían la cubierta de nuestros buques e imposibilitaban toda de-

---

* Epílogo inserto únicamente en el folleto publicado en 1899 por la imprenta Fortanet.

fensa), la superioridad de sus barcos y corazas, la excelencia y tino de sus artilleros, la energía y pericia de sus generales.

Y lo más sensible es que el desastre pudo haber sido evitado si en el pueblo y en los estadistas españoles hubiera existido verdadero sentido político, esa cualidad suprema de los pueblos prácticos que ya echaba de menos en nuestra raza el gran Alejandro Humboldt. Porque en estos tiempos de frío positivismo, sólo España hace política de sentimiento.

A la ruina nos han llevado, más que las ideas que nos faltan, los sentimientos e ilusiones que nos sobran. El sentimiento caballeresco del honor, excelente para los individuos, daña gravemente a los pueblos cuando no está contrapesado con el criterio de la utilidad colectiva. Dígase lo que se quiera por los que sueñan con un pasado que no volverá jamás, la política se hace con conveniencias, no con afectos. Lo debido es lo útil a la nación. El progreso de las colectividades, como el progreso de la serie zoológica, está regido por el severo principio de la utilidad de la raza, a la cual las naciones dotadas de instinto político seguro deben sacrificar leyendas queridas, impacientes anhelos de dominio y de gloria y simpatías y antipatías internacionales. Y ante el peligro de un conflicto internacional, los pueblos deben fundar sus esperanzas, no en los heroísmos de la raza ni en los posibles favores de la Providencia o de la Fortuna, sino en el severo cálculo, en el conocimiento ingenuo, sin espejismos patrióticos ni fanfarronerías ridículas, de la verdadera fuerza propia y del positivo poder del adversario.

Pero no es hora ya de filosofar sobre las causas de nuestra caída, sino de levantarnos lo más rápidamente posible. Miremos hacia adelante, alcemos nuestros corazones a la esperanza y consagrémonos a desenvolver nuestras energías, alentados por la fe robusta en la virtud redentora del trabajo y en el porvenir reservado a nuestra raza. Más hondo que nosotros cayeron otros pueblos y hoy resplandecen en el cénit del poder y de la fortuna. Troquemos los desfallecimientos enervadores en viril alegría, en ansia de robustez, de juventud y de renovación. Huyamos del pesimismo como de virus mortal; quien espera morir, acaba por morir; y, al contrario, quien aspira a la vida, crea la vida. Seamos, pues, optimistas, porque sólo la alegría y serenidad se sienten fuertes y trabajan y esperan.

Pero el soñado porvenir no vendrá por sí mismo, ni lo traerá la protección del extranjero o la ciega lotería del azar; la futura renovación será el galardón de nuestro trabajo, de nuestra ciencia, de nuestro conocimiento de la realidad y de nuestro amor a la patria y a la raza.

El dolor mismo nos será útil, porque el dolor es el gran educador de almas y creador de energías. Para los que aman la patria, las desdichas representan un lazo moral más. Como dice elocuentemente Renán, «la patria está formada por los que han sufrido juntos, porque el dolor común une más que la alegría». Sólo de corazones ingratos y de espíritus innobles es abandonar la patria en días de luto y amargura; al contrario, las almas bien nacidas deben medir el amor a los suyos por la grandeza de sus desgracias. Y la patria es tanto el terruño como la historia, tanto los presentes como los venideros, lo mismo nuestras glorias que nuestros dolores. El buen patriota debe llenar su corazón con un sentimiento de sublime paternidad a todos sus conciudadanos, de una inmensa y efusiva caridad que alcance hasta a los venideros.

Nada de desalientos, nada de tomar en serio vaticinios nefastos. Mostremos a esas naciones que nos declaran muertos, sin duda porque esperan la hora del reparto de nuestros jirones, que no sólo vivimos, sino que estamos resueltos a afirmar vigorosamente nuestro derecho a la vida. El dolor mismo da fe de existencia; que no está muerto quien se indigna, quien lamenta su desdicha, quien siente hervir en su corazón la sangre con tumultos de indignación por lo pasado: los verdaderos muertos son los que callan, los que aceptan filosóficamente sus desgracias, los que carecen ya hasta de fuerza para sentirlas. Estas almas caducas, a muchas de las cuales toca grave responsabilidad en nuestros desastres, son los verdaderos cadáveres que cada cual debe enterrar en su memoria y borrar de su corazón.

Lo hemos dicho mil veces y hemos de repetirlo hasta la pesadez. El poderío político de España será el fruto de la riqueza y del aumento de su población; resultados para los cuales no hay otro camino que crear, cueste lo que cueste, ciencia, industria y arte originales. Una vez creados, la corriente de exportación se establecerá rápidamente, y con ella vendrán la abundancia, la consideración, el respeto y hasta el cariño del extranjero. ¡Que este objetivo sea ardientemente deseado y claramente sentido por nuestros políticos, científicos, agricultores, capitalistas, industriales, ingenieros, y hasta por los obreros más humildes, y nuestra redención será una realidad, y el sol de la gloria acariciará todavía nuestra mustia bandera, no tan escarnecida por los extraños como por nosotros!

¡Oh, si yo pudiera transmitir a nuestros políticos, a nuestros capitalistas, a nuestros sabios e ingenieros, a nuestros obreros y estudiantes, una parte del entusiasmo que me anima! Si yo tuviera la seguridad de ser oído, con qué gusto les diría: Políticos que nos habéis traído a esta triste desventura, dad treguas, por Dios, ante las angustias de la patria, a vuestro egoísmo estrecho de partido o de pandilla; preocupaos seriamente de la pureza y de la moralidad en la administración pública, del culto al honor y al heroísmo en el ejército, de la protección seria y eficaz a la instrucción popular y universitaria, de mantener, en fin, en todos los organismos del Estado el sentimiento del deber y la más estrecha responsabilidad. Pensad que, según dijo Carlyle, «todavía el valor es un valor», que todavía el heroísmo es un gran negocio, que todavía la virtud y la disciplina constituyen la fuerza y el prestigio de los pueblos modestos. Renunciad a todo mesianismo ridículo, a toda loca ambición de conquista y proceded sin pérdida de tiempo a la obra de nuestra redención con toda la antigua energía y terquedad de la raza, y en medio de ese recogimiento, de ese silencio solemne con que la Naturaleza opera sus fecundas y grandiosas renovaciones.

A los profesores de todas clases —físicos, químicos, ingenieros, naturalistas, médicos, filósofos, sociólogos, etcétera— les diría: Trabajad hoy más que nunca por la creación de ciencia original y castizamente española. No bastará para nivelarnos con los países cultos progresar según el ritmo perezoso de siempre; tan rezagados estamos, que será preciso concentrar en breves años la energía productora de dos siglos. Si para la magna y redentora empresa os falta valor, rodeados de estímulos poderosos, de esos excitantes morales que caldean el cerebro e hipertrofian el corazón: insultos que provoquen al trabajo iracundo, recuerdos que aviven continuamente el amor a la patria; o, en otros términos, junto a la retorta, la balanza o el microscopio, poned la bandera nacional que os recuerde constantemente vuestra condición de guerreros (que función de guerra, y hermosísima y patriótica, es arrancar secretos a la Naturaleza con la mira de defender y honrar a la patria), y tened a la vista, escritas en gruesos caracteres para que toda distracción sea imposible, esas amargas frases de desprecio, esas palabras de depresiva conmiseración y esas punzantes ironías con que escritores extranjeros nos han echado mil veces en cara nuestra falta de originalidad y nuestra pretendida incapacidad para la labor científica.

Los que tengáis vocación pedagógica preocupaos seriamente en transformar las cabezas de nuestros hijos, deformadas por la servidumbre mental de cuatro siglos, en cabezas modernas, acomodadas a la realidad; en hombres que sepan mejor las cosas que los libros, antes dispuestos a la acción que a la palabra; capaces, en fin, de abordar briosamente la conquista de la Naturaleza. Inculcadles, sobre todo, los métodos de estudio, el arte de pensar por cuenta propia, las ideas prácticas, los principios fecundos y luminosos a cuya aplicación se deben las invenciones industriales y descubrimientos científicos. Cread, en fin, no eruditos y quietistas, *dilettanti* del saber, bien hallados con el mero conocimiento de la verdad, sino voluntades enérgicas, espíritus reformadores susceptibles de llevar la idea a la realidad y de reaccionar vigorosamente contra todas las fatalidades y deficiencias del suelo, de la raza y de la organización social y política.

Y los que sintáis más altos anhelos, los que os halléis suficientemente armados para concurrir y luchar en el campo internacional de la indagación científica, literaria o artística, redoblad vuestra actividad y vuestro celo. La patria pagará generosamente vuestros esfuerzos, porque España, que jamás escatimó dádivas y aplausos a sabios pretendidos y a inventores frustrados, sólo por la intención sana y patriótica que demostraron, ¡qué no sería capaz de hacer por los promotores de positivos progresos!

Considerar que cada idea nueva, no contrapesada por otra nacida entre nosotros, es un eslabón más de nuestra servidumbre mental, es una contribución que debemos pagar en oro, y que será cobrada perpetuamente en Berlín, París o Londres. Porque toda servidumbre intelectual tiene por salario el oro del rico o la fatiga del pobre, es decir, sangre y vida consumidas sin reparación y endeblez, y degeneración irremediable de la raza.

Los que tengáis vocación por la ingeniería y las ciencias físicas, no olvidéis que cada máquina que dejáis de inventar e importada de países extraños, tiene un equivalente de pobreza que se difunde por toda la nación, cerrando el paso a la vida de españoles que no han nacido, pero que tampoco nacerán; mientras que, al contrario, toda invención fecunda nacida entre nosotros representa un fermento de vida española y un manantial de honra y de riqueza colectiva.

También vosotros, obreros y pequeños industriales, podéis contribuir poderosamente a la magna empresa de nuestro engrandecimiento. Trabajad bien, pero instruíos antes, para que vuestra obra alcance la mayor perfección y originalidad posible. Si en vuestro pecho late un corazón patriota, ¿no os avergonzáis al oír cómo los extranjeros os motejan de inhábiles, de toscos y aun de holgazanes?; ¿cómo os suponen desprovistos de ingenio e inventiva?; ¿cómo, en fin, recuerdan, para deprimiros, que hasta los más humildes instrumentos con que trabajáis llevan el marchamo de Londres o de París? ¿Seréis, acaso, incapaces de sacudir vuestra pereza y vuestra rutina?

¡Oh, cuánto ganaría la riqueza nacional si nuestros fabricantes, pequeños industriales y obreros se persuadieran de que el beneficio positivo y duradero brota exclusivamente de la originalidad, de la perfección o de la baratura extrema de la obra, y de que toda industria exclusivamente atenida al mercado interior, gracias a tarifas arancelarias extraordinariamente protectoras, sirve solamente a medias los intereses de la patria y corre continuamente el riesgo de arruinarse ante la primera innovación surgida en el extranjero!

Repitamos una vez más a nuestros fabricantes e industriales que no pierdan nunca de vista el ideal, que consiste en abandonar por depresiva toda tutoría, y en concurrir y vencer en el mercado internacional; y, que los tejidos, máquinas, drogas, objetos de arte, instrumentos de trabajo, fruslerías de la moda, etc., importadas sin suficiente compensación en la balanza de exportación, son oro que se nos quita, vida que se nos escapa, fuerza con que el extranjero forjará quizá las cadenas de la esclavitud del mañana.

Todos deseamos gozar de las ventajas de la civilización, de la que se ha dicho con razón que hermosea y dilata la vida, suprime el tiempo, y el espacio, y lleva hasta el hogar del pobre deleites y satisfacciones antes exclusivamente reservados al opulento. Pero, desde el punto de vista nacional, la civilización puede ser una gran desgracia: motivo de poder y de engrandecimiento para los pueblos que colaboran en ella, resulta ruinosa, hasta la bancarrota, para las naciones atenidas a los perjuicios y rutinas del pasado, para aquellas de quienes ha podido decirse con gráfica frase *que producen a la antigua y gastan a la moderna*.

También vosotros, los aristócratas opulentos, los capitalistas y propietarios, cuantos por uno y otro camino, lícito o ilícito, habéis logrado emanciparos de la honrosa servidumbre del trabajo, tenéis una gran misión que cumplir. ¡Qué cosas más grandes podríais, sin grandes sacrificios, realizar si, abandonando un poco la codicia de goces materiales, la afición antipatriótica al *sport* extranjero, el culto enervador a *su majestad la mujer,* y la insana y pueril vanidad del palco, del caballo, de la apuesta, del torerismo, etc., pensarais algo en las desgracias de la patria y en sus tristes destinos! La riqueza es poder, es fuerza, pero no debe ser fuerza derrochada en el placer, energía consumida en humo de vanidad. A mayor suma de influencia y de fortuna, debe corresponder mayor responsabilidad y más activa colaboración en la obra civilizadora de la patria. En lo antiguo la riqueza desempeñó un honroso papel: armar soldados, levantar castillos y luchar briosamente en pro del rey y de la religión. Hoy, variadas las costumbres, sin infieles que combatir, sin intolerancias que mantener, el patriotismo de los poderosos tiene todavía un ancho campo en que ejercitarse: fomentar la industria nacional, mejorar la agricultura, crear institutos docentes, subvencionar investigaciones, proteger las ciencias y las artes, poner, en fin, ya que no la espada, el oro y la inteligencia al servicio de la cultura y bienestar de la nación. Sólo así alcanzarán los ricos representación simpática en el ánimo de una sociedad donde vientos de socialismo atizan constantemente el odio entre el capital y el trabajo; sólo de este modo olvidaremos esta triste verdad: «Que la riqueza representa el sobretrabajo del proletario, y que el placer del capitalista es la transfiguración del dolor y de las lágrimas del pobre».

Y tú, clero ilustrado, que en más de una ocasión has dado pruebas de patriotismo, acuérdate de la religión y del culto, pero no olvides al hombre y a la Naturaleza. Considera que en estos tiempos de la fría razón de Estado nadie hace política de sentimiento, y que en las contiendas internacionales no vence ya la fe, sino la ciencia y la riqueza. Interésate, pues, por la prosperidad material de la patria, pues, en definitiva, de esta prosperidad depende que el catolicismo tenga en España, en vez del flaco y triste Quijote, molido a palos por los yangüeses protestantes o librepensadores, un paladín esforzado y vigoroso, dispuesto a reverdecer los laureles de Lepanto y de Pavía.

Abandona para siempre aquellas terribles intolerancias que hicieron el nombre de España odioso en el mundo, y toma ejemplo y enseñanza de la infinita caridad de Dios, que favorece con sus dones a todos los trabajadores de la tierra, sin mirar si éstos le dirigen sus preces desde el templo protestante, desde la basílica católica o desde esa gran iglesia de la Naturaleza que tiene por bóveda el azul del cielo, por lámpara el sol, la tierra por ara y el conocimiento y alabanza de la obra de Dios por ofrenda.

¡Ah, qué empresas más grandes podrías llevar a cabo con el enorme ascendiente que posees sobre los poderosos de la tierra si, además de preocuparte de la pureza de las costumbres y de la paz de las almas, te apasionara algo de la ciencia y del bienestar material de los pueblos! ¡Cuán grande, simpática y civilizadora sería la misión de la Iglesia si los talentos selectos que vegetan en sus claustros, dando treguas al tenaz empeño de convertir la ciencia en servidora de la religión o de demostrar la posible armonía de entrambas, se propusieran seriamente fabricar ciencia, filosofía y arte originales, rindiendo de esta suerte culto por igual a la palabra y a la obra de Dios!

No intentes, por Dios, clero español, renovar guerras sangrientas y fratricidas, y considera que, aunque triunfases, aunque por un milagro de la Providencia no suscitaran tus victorias la intervención extranjera, consumarían la ruina de la patria. Con el triunfo lograrías acaso poblar de españoles el cielo; pero de fijo, y con gran contentamiento de los herejes, quedarían muy pocos españoles en la tierra. No olvides, en fin, que los extranjeros —protestantes, librepensadores y aun católicos— han dicho mil veces que tus intransigencias son la verdadera causa de nuestra pobreza, decadencia política e incapacidad para la producción científica; que, merced a la Inquisición y al clericalismo, aquel sol que no se ponía nunca en nuestros dominios no fue jamás el sol de la ciencia y de la verdad, sino la hoguera del fanatismo y de la intolerancia religiosa. Ante semejantes imputaciones, sólo hay una respuesta victoriosa: entrar sinceramente en la corriente de la moderna vida y preparar el porvenir, alistándose resueltamente en la causa de la civilización, que, en definitiva, es también la causa de Dios y de la Humanidad.

Y tú, juventud estudiosa, esperanza de nuestra renovación, que te consagras al trabajo en estos luctuosos días de nuestra decadencia, no te desalientes. Contempla en nuestra caída la obra de la ignorancia o de la media ciencia, el fruto de una educación académica y social funestísimas, que ha consistido siempre en volver la espalda a la realidad, sumergiendo el espíritu nacional, a la manera del morfinómano, en un mundo imaginario, lleno de fingidos deleites y de peligrosas ilusiones. So color de excitar la adhesión a la patria, o acaso por vanidad mal entendida, hemos ocultado siempre a la juventud, en el orden histórico, los defectos de nuestra raza y virtud y valor del extranjero; en el orden geográfico y físico, la pobreza de nuestro suelo —inmensa meseta central estéril, salpicada de algunos oasis y bordeada de una faja de tierra fértil— y la inclemencia de un cielo casi africano; en la esfera social y política, la indisciplina, el particularismo y el atavismo del caudillaje, es decir, el oculto fetichista al sable, que resurge de continuo como planta parásita en el terreno, al parecer firme, de nuestro régimen constitucional y democrático; en lo científico, filosófico, industrial y literario, nuestra falta de originalidad y nuestro vicio de la hipérbole, que nos lleva a honrar como a genios a meros traductores o arregladores de ideas viejas o exóticas.

El cuadro trazado es algo sombrío; pero no lo presento a tu examen por el mero capricho de entristecerte, sino porque juzgo que es deber inexcusable tuyo conocer toda la extensión y profundidad del mal, al objeto de procurar el remedio, proporcionando la cuantía del esfuerzo a la magnitud del obstáculo.

Hay placeres materiales y deleites intelectuales: las naciones decadentes cultivan los primeros; los segundos han labrado la grandeza y gloria de las más adelantadas y fuertes. Busca, pues, tú, juventud estudiosa, el placer, no en los groseros deleites de la carne, sino en la soberana fruición del deber cumplido, en la sublime satisfacción de haber ensanchado el horizonte del saber, de haber honrado y enaltecido la raza y de haber mejorado en algo la existencia de tus compatriotas.

¡Que cada libro extranjero en que no veas citados nombres de españoles, sea un aguijón que penetre en tu alma y excite tu ansia de saber y de originalidad!

Sé como Temístocles, a quien no dejaba dormir la gloria de Milcíades. Considera todo descubrimiento importante traído de fuera como una recriminación a tu negligencia y a tu poquedad de ánimo.

Es preciso que adivines, a través de la descripción del hecho nuevo, estas palabras molestas que te dirige su autor: «Yo he creado esto porque he sabido pensar y trabajar más y mejor que tú; en adelante tu oficio será ensalzarme y envidiarme, porque con mi descubrimiento te he arrebatado para siempre una honra que anhelabas y he limitado el campo de tus posibles triunfos».

Lejos, empero, de conducirte al desaliento estas consideraciones, deben aumentar tu ardor y tu ansia de combate. Todo descubrimiento es el germen de un árbol cuyos frutos recolectan los émulos del autor y la posteridad estudiosa. Procura, pues, aplicarte al conocimiento de la nueva conquista, no cejes hasta ampliarla y superarla. De este modo, cuando el éxito te sonría, podrás contestar al extranjero: «Tú has creado una verdad, pero yo he sabido hallar otras verdades que se ocultaron a tu penetración; yo he logrado transformar el hecho nuevo y estéril en hecho útil y fecundo».

Marcha, pues, sin detenerte a la conquista de la honra de la patria. Los hombres de hoy sólo podemos mostrarte el camino. Tú debes recoger el fruto de esta enseñanza y preparar una España de porvenir que nos vengue de la España del presente.

La patria angustiada confía en ti. ¡Qué sería de ella si tú no respondieses a su tierna solicitud, si te mostrases indiferente a sus anhelos y esperanzas!

Contestarás, acaso, que tus hombros son demasiado débiles para la inmensa pesadumbre de la carga, que la labor será ruda, porfiada, febril. También la tarea es ardua para el extranjero, y el extranjero la acomete con brío, y triunfa y domina. Tú no tendrás menos ardimento que él. Déjame el consuelo de suponerte capaz del honroso heroísmo del trabajo, de pensar que, en espera del mañana reparador, tú sabrás palidecer ante el libro, la retorta y el microscopio; que no darás paz a la mano ni tregua al pensamiento hasta que la ciencia se enriquezca con nuevas verdades y la bandera patria se ilustre con nuevos blasones.

FIN DE LAS
«REGLAS Y CONSEJOS
SOBRE INVESTIGACIÓN CIENTÍFICA»